フクロウのいる部屋

高木尋士

集英社インターナショナル

フクロウのいる部屋

序　名前は、「コトバ」

二〇〇六年、初夏。

生後一か月のフクロウが、家にやってきた。もこもこ。ふわふわ。その姿はとてもフクロウには見えない。まるで毛糸のかたまりだ。二頭身の体。まあるい目。小さくおかしな生き物。翼を持ちながら飛ぶことも覚束ない赤ちゃんフクロウ。ぼくの部屋にやってきた日、その赤ちゃんフクロウは、よちよちと畳の上を歩き、飛び立っても高くは飛べず、ばたばたと翼を羽ばたかせ、やっとのことで飛び乗ったベッドの上で首をぐるぐると回し、物珍しそうに部屋中を観察していた。そっと両手で抱え、一番低い止まり木にのせると、何か言いたそうな顔でぼくをじっと見詰めていた。そして、いつの間にかその止まり木の上で、体を横にして眠った。

お腹をすかせて猫のような鳴き声で餌をねだる赤ちゃんフクロウ。餌を与えると嬉しそうに首を伸ばし、ぼくの手から餌を飲み込む赤ちゃんフクロウ。ぼくは、その姿をいつまでも眺めていた。
今もまん丸の目でぼくを見詰める。ぼくのこの仕事部屋を全世界とし、我が物顔に飛び回るフクロウ。ぼくは、仕事の手を休め、その姿をいつまでも眺める。（なあ、うちに来て良かったか？）真夜中、眠たそうなその顔に声をかける。返事は、ない。（良かったよな。こんなに仲良しだもんな）フクロウとの真夜中の対話。

フクロウを飼う！　と決めたその瞬間に名前を決めた。
「コトバ」

ぼくは、小さい頃から本ばかり読んできた。本だけが友だちだった。自宅にある本はあっという間に読みつくし、夏休みには親戚の家にある本を読みあさり、学校の図書館からは、決められた貸し出し冊数を無視してたくさんの本を借り出し、田舎町の小さな書店に並ぶ本を「あ」の棚から順番に読んでいった。今も本ばかり読んでいる。中学生の景色も高校の風景もその時々に読んだ本と共に思い出す。いつ何を読んだのか、はっきりと覚えている。十代の思い出は「本」の一行の中に蘇る。懐かしのメロディではないが、懐かしの一行だ。

上京し、演劇の世界に飛び込んだ。劇作を志した。何十本も作品を書き、上演してきた。劇作家として脚本を書く毎日。舞台上演のため、稽古場《けいこば》に通う毎日。原稿用紙に言葉を書き連ね、俳優と言葉を交わし、作品を創り上げるために言葉を尽くす毎日。そうだ。ぼくは、演劇の世界にぼく自身のユートピアを創りたくて、両手をばたばたさせてきた。一人で何年も両手をばたばたさせてきた。上京して二十七年、脚本を何本書いても満足できない。何百人の観客に拍手をいただいても満足できない。どんな評価を受けても満足できない。何百何千の本を読んでも満足できない。「先」が見えない。上演を繰り返しても、夢見る理想郷に手が届かない。ユートピアは遠ざかるばかりに思えた。日に日に足が重くなる。果てしない道に目がくらむ。この先の自分を見失いそうになる。道が見えない。暗闇の中、両手の手探り。どうすればいいんだ。どうしたらいいんだ。そんな、

漫然とした閉塞《へいそく》感。

明日への不安。

真夜中に一人。

不眠と不快。

空を見上げ、手を伸ばしてみる。

毎日が小さくなっていく。

どんどん小さくなっていく。

夜が、創造という本来の役目を放棄し、惰眠に堕《お》ちる。

夜がぼくを手放す。

ぼくは夜を追いかける。

夜がぼくを見捨てる。

毎日がただ連続する。

時間はだらだらと垂れ流され、意味も価値もどこかに流れ去っていく。

このままじゃダメだ。

こんな生活からは何も生まれない。

食って、寝て、読んで、書いて。

惰性の連続。そんな毎日から何かが生まれるはずがない。当たり前だ。何かを生み出すためには、翼を広げ、ここから飛び立つしかない。勇気を出してここを飛び出すしかないんだ。何かを失っても今を飛び越えるしかないんだ。


突破したい！

ここから飛びたい！

そう感じていた頃、ぼくは、一羽のフクロウと出会った。本を読み続けてきた半生、脚本を書き続けてきた二十数年。「言葉」をぼく自身の翼として飛び立ちたい！「言葉」をぼく自身の武器として、突破したい！祈りと渇望。ぼくは、その強い思いから、出会ったフクロウを「コトバ」と名付けた。

フクロウに魅せられたのは、海外のテレビ局が制作した一本のテレビ番組だった。小学五年生くらいだったと思う。自然保護を訴えた番組だったのか、大自然の厳しさや雄大な神秘を描いた番組だったのか。その番組の中でフクロウは、体の何倍もある大きな翼を広げ、晴れ渡った空を飛んでいた。真夜中に音を立てずに獲物に襲い掛かるその透徹した冷静な姿がテレビ画面に写しだされた。大空を滑空し、一撃必殺、獲物を狩っていた。フクロウに対する憧《あこが》れは、年を重ねても褪《あ》せることはなく、体の奥底で育っていった。『シルバーウィング』や『ふくろうたちの家』、『フクロウ物語』など、本にフクロウが出てくるとフクロウの魅力を抜き書きしたりしてきた。フクロウが出ているという映画も、ずいぶんと観《み》てきた。『禁じられた遊び』、『狩人の夜』、『ハリーポッター』、『ふくろう』など、スクリーンの中にフクロウが出てくるとわくわくした。どの映画もフクロウという神秘的な生態を印象的に描いていた。

（いつか、ぼくも……）

ぼくが何十年もフクロウに惹《ひ》かれてきたのは、夜を王国とする彼らの創造性と両翼の力強さ、そしてやはり神秘的な力をもつと言われるからだ。決定打は、『ミネルヴァのフクロウは迫り来る黄昏《たそがれ》に飛び立つ』[*1]という一言だった。惰性の毎日を蹴飛ばし、大空に飛び立つ両翼の勇気をフクロウに重ね見ていた。

いつか
いつかぼくも羽ばたきたい
高く、高く
ここよりも高い場所に
いつか
一言の「言葉」をその力として
高く、高く
飛び立ちたい
どこまでも、どこまでも

ぼくだけの「言葉」を抱いて

そんな思いが「フクロウを飼う」ということへの源泉的な力だった。書いても書いても満足しない毎日、読んでも読んでも満足しない毎日、言葉がどこにも届かず、言葉が空費される。ぼくは、そんな毎日を突破したかった。そんな毎日から飛び立ちたかった。「ここよりも高い場所がきっとある」[*2]と。自分の飛び立つ姿を確かに、フクロウの翼に重ねていた。

フクロウのいる部屋

目次

1
フクロウが本当に飼えるんだ！

ある日、フクロウに出会う

ペットとしてのフクロウに出会ったのは、二〇〇五年だった。仕事で立ち寄った埼玉県中心部の街。仕事を終えたが、まだ日は高く、ちょっとこの辺りを散歩してみようと思った。市立図書館や大手デパートのある大通りから一本裏道に入った。景色が途端に変わった。東京都心と違い、時間の流れもすこし緩やかになったように感じられた。暮れるまで一回りしてみようと歩いた。すると、右手前方に「ＯＷＬ《アウル》」と書かれた木製の看板が目に入った。（ＯＷＬ……、フクロウ？）その看板に引き寄せられるようにぼくは店のドアを押した。

店内にはたくさんのフクロウがいた。

（本物のフクロウだ！）

一瞬に世界が変わった。心がどきどきと高揚するのがわかった。目を奪われた。初めて間近で見る本物のフクロウ。三坪ほどの店内。手の平に乗るような小さなフクロウから、眼光鋭い大型のフクロウ、映画で見たことのある真っ白なフクロウ、顔がハートの形に縁取られたフクロウ。そんなたくさんのフクロウが止まり木にとまっていた。フクロウがペットになるなんて思いもしていなかった頃だ。驚いた。フクロウが飼える！　凄い！　ぼくは興奮していた。店内の一羽一羽をゆっくりと見ていく。どのフクロウもたまらなく魅力的だ。それぞれのフクロウには、値札がついている。十万円くらいから、五十万円くらいだっただろうか。
（本当に売ってるんだ！）店内のフクロウに目を奪われながら、店員の方にいろいろな質問をした。

室内で飼えるんですか？
マンションですけど大丈夫ですか？
どんな飼い方をしたらいいんですか？
餌は何をあげるんですか？
寿命はどのくらいですか？
散歩とかさせるんですか？
糞《ふん》の処理はどうするんですか？

店員の方は、どの質問にも答えてくれた。そして、そのまましばらく店内のフクロウを見ていた。見ていたら、何故《なぜ》だか、寂しくなった。

(なんだろう？)

その寂しさの原因を探った。ぼくが長い間思い描いてきたフクロウという神秘。真っ暗闇をものともせずに飛翔《ひしょう》するフクロウ。孤高の哲学者を思わせるその風貌……。店内のフクロウをあらためて眺めた。

(なにかが心に爪を立てる……)

なんだろう？　もちろん、フクロウの生態など何も知らない。フクロウに対する俗説とふくれあがった憧れしかない。店内のフクロウを見ているうちにその原因が分かった。

その店のフクロウには、足にジェスという革製の足環《あしわ》が取り付けられていた。そして、その足環に二メートルほどの革紐《かわひも》が繋《つな》がれ、その革紐は、止まり木にしっかりと固定されていた。飛べる範囲は、半径二メートル。見ていると、止まり木を飛び立ったフクロウは、二メートルを飛んだら、それ以上飛べずに足を引っ張られ、止まり木に戻ってきていた。足が繋がれているんだ。そこに戻って来るしかないのか……(寂しいのは、これだ)そう思った。

半径二メートルの世界。
それじゃあんまりだ。
かわいそうじゃないか。

フクロウの飼い方も生態も何も知らなかったけれども、そう思った。革紐に繋いでおくというのが正しい飼い方かもしれない。けれども、やっぱりかわいそうだと思った。店内のフクロウと目が合った。

二メートルがかわいそうで、五メートルならそうじゃないかと言われれば、答えに窮する。二メートルがダメなら何メートルならいいんだ。確かにそうだ。確かにそうなんだけど、……あんまりじゃないか。論理的じゃないことは自分でわかっていた。飼い方がどうこう、理屈がどうこうじゃなくて、……ただ、見ていて、かわいそうに思えた。

そうだ、飛べる距離の問題じゃない。フクロウの行動範囲がどれほどかということよりも、ぼくに寂しさを感じさせたのは、足に繋がれた革紐だ。止まり木を飛び立ったフクロウは、どこまでも飛ぼうとして羽ばたく。羽ばたいても羽ばたいても、足に付けられた革紐はそれ以上、飛ばせてはくれない。足を引っ張られたまま翼を上下させる店内のフクロウ。
行きたい場所に行けない。
飛びたい場所に飛べない。
飛び立っても同じ場所に戻るしかない二メートルの革紐。
昔の囚人のように大地に繋ぎ止められたフクロウ。

（そんなのは、「フクロウ」じゃない……）そう思いながらも、人間が動物を飼う、という事実は、動物の種類を問わず、多かれ少なかれ同じ問題を抱えてるんじゃないか、とも思った。

今もそう思う。犬を飼うにせよ、そうだろう。犬本来の生態をどこかで捻《ね》じ曲げて「飼う」わけだ。猫にせよ、小鳥にせよ、熱帯魚にせよ、同じだろう。動物の自由を空間的にも時間的にも人間が制限し、彼らの生活、野生、本能などに人間がいいように干渉する。飼い主が望む方法と手段がとられる。彼らの命は、飼い主の一存に委《ゆだ》ねられる。飼い主の望みはもちろんわがままだ。そのわがままが、ペットを虐待するという行為にあらわれたりするとも聞く。望んで飼ったペットを捨てるということも聞く。ペットを飼う、という行為は、多くの考えるべき問題を孕《はら》んでいる気がする。でも、ぼくは、それでもフクロウを飼いたいと思った。自分自身にペットを飼うという事に問題的な意識を感じながらも、フクロウを飼いたいと思った。具体的な解決策があるのか、と問われれば、ない、と答えるしかなかったが、それでも……。こんなわがままな人間の欲求。それでも……。ぼくが思い描いたフクロウの姿は、夜を自在に飛翔するんだ。ぼくが憧れるフクロウの姿は、真夜中を我が物顔に滑空するんだ。

初めて見たペットとしてのフクロウは、半径二メートルの空を飛んでいた。

初めて出会った本物のフクロウは、罪人のように足を繋がれていた。

「飼う時は、こうやって繋いで飼うんですか？」店員にそう聞いた。

「そうですね。それがいいんじゃないですか」確か、そんな返事だった。

なんだか、かわいそうだな

なんだか、寂しいな

もっと自由に

もっとのびのびと

もっとおおらかに

もっと楽しく飼えないのかな

繋ぎとめられたたくさんのフクロウをじっくりと見、店員にたくさんのことを聞いた。すぐにでも飼いたいと思った。店員とのやり取りも楽しかった。店を後にした。いろいろと考えたいこともあった。ペットを飼うという行為。人間と動物の関係。野生と人為。初めて出会った本物のフクロウたちは、ぼくにたくさんのことを考えさせた。帰り道、それでも（本当にフクロウが飼えるんだ！）、という事実に興奮もしていた。

よし！

フクロウを飼おう！

決意した。でも、あの店で見たような不自由なフクロウはかわいそうだと思った。本当にああいう飼い方しかできないのか。もしそうだとするなら、もっと工夫のしようがあるんじゃないか。いや、フクロウ本来の自由な姿で飼うことができるんじゃないか。ぼくが飼い主として一つの命に干渉するとしても、もっと自由に、もっと自然に、もっと楽しくできるんじゃないか。いろいろなことを考えながら、帰路についた。

ペットを飼う、とは一体なんだろう。

ペットという存在は、人間にとってなんだろう。
ペットは、人間の生活に何を与えてくれるんだろう。
人間は、ペットになる動物に何を与えることができるんだろう。
人間が、自分以外の「命」を左右するという所業とは一体なんだろう。

ペットが、人間の生活に豊かな寄与をするならば、人間は、ペットの命に最大限の「命」を共にしないといけないんじゃないか。そんなことを考えながら、「ペット」という言い方に自分で嫌になった。

「ペット」じゃない！
「友だち」だ！
「家族」だ！

本物のフクロウを見、実際に飼えるということを知った。飼われているフクロウの寂しさを感じながらも、それでも、フクロウを飼いたい、一緒に暮らしたい、と思った。帰宅して、すぐにインターネットで調べに調べた。思いつく限りのキーワードを打ち込んでいく。「フクロウ」「梟」「ふくろう」「ミミズク」「飼う」「ペット」「生態」「ショップ」「飼い方」「値段」「餌」……。何日も何日も検索し続けた。フクロウを扱っているショップがいくつか見つかった。実際にフクロウを飼っている方のホームページもあった。フクロウの生態を詳しく説明しているサイトもあった。

ブラウザのお気に入りにフクロウに関するサイトが一気に増えた。ペットとしてのフクロウに対する基礎知識も増えていった。

ぼくのフクロウを探そう!

フクロウを扱っているショップをリストアップしていった。東京に数軒、埼玉に一軒、千葉に一軒、茨城に一軒、神奈川に一軒、兵庫に一軒、福岡に一軒、確かそんな感じだったと思う。インターネットで調べただけでも、ショップそれぞれに特徴があった。通信販売をしているショップもある。犬や猫、熱帯魚や爬《は》虫類も扱う総合ペットショップでの販売もある。もちろん、フクロウを専門としているショップもある。分割払いやカード決済を扱っているショップもある。インターネットで情報を収集している中で、何よりも驚いたのは、実際に販売されているフクロウの種類の多さだ。ありとあらゆる種類のフクロウが販売されている。大型のものから、スズメくらいの大きさの個体まで十数種類のフクロウが販売されている。

インターネットの情報を見ているだけで面白い。掲載されている写真を見ているだけでわくわくしてくる。時間を忘れ、夢中になる。何時間も何時間もパソコンのモニタに向き合う。自分がこの部屋でフクロウを飼っている姿を夢想する。人間とペットという拭《ぬぐ》いきれない負の感情をいだきながらも、飼いたい、という気持ちが薄れることはなかった。薄れるどころか、飼いたいという気持ちがどんどん大きくなっていった。この部屋にフクロウがやってくる。憧れのフクロウがやってくる。フクロウとの生活はどんな感じだろう。フクロウとの毎日はどんなに楽しいだろう。掲載されている写真は、どの種類もとても魅力的だ。独特の風貌《ふうぼう》。丸っこいずんぐりとした姿。落ち着き払った表情。そして、どのフクロウの魅力もその眼にあるのだと感じた。何もかもを見通しているかのような眼。鋭さとかわいさを兼ね備えたフクロウの眼。居ても立ってもいられない。

よし！　フクロウを見に行こう！

できる限りたくさんのショップでたくさんのフクロウを見よう。

自宅は東京の練馬区。二十三区の西北にあたる地域だ。フクロウをどこに見に行くにしても交通の便が悪いということはない。幸い東京近郊にショップが多い。どのショップへも日帰りで行って来られるだろう。たくさんのフクロウをこの目で見て、じっくりと選ぼう。これからの休日は、フクロウ詣《もう》でだ。

手帳にショップ名と住所、電話番号を抜き出していく。それにしても初めての体験だ。未知の世界。どのショップがいいのか、フクロウの金額は適当か、アフターサービスは大丈夫か、保証はあるのだろうか、保険はあるのか、輸送方法はどうなのか。不安は増すばかり。でも、それ以上に「フクロウを飼いたい」という心の勢いが勝っていた。

まずは電話だ。遠い場所から攻めてみよう。茨城県だ。電話をしてみる。出ない。何度電話しても出ない。（休みか？）そう思うもインターネットの情報では、営業日。営業しているはずだ。昼休みでもない。もちろん夜中でもない。リダイヤル。出ない。まあいいか。次に千葉県にある店に電話をする。すぐにつながった。つながったけれども、無愛想。無愛想極まりない。なんだ、なんだ、こっちは客だ。そう思うも、相手はプロ、こっちはフクロウ素人。丁寧に一度お店に伺いたいという旨を伝える。

「今来られてもあんまりいないんですよね」と、めんどくさそうな答え。まあいいや。

「またあらためて連絡します」と電話を切った。相手がどんなに無愛想でも見に行くことはできたが、電話での雰囲気は、「行きます」とは言わせなかった。（フクロウショップは大名商売か？）そう思ってしまう。それならそれで仕方ない。フクロウを飼うとすれば、いずれ、どこかのショップに決めるしかないんだ。その決断は、一か八かの運任せ。それなら自分の感覚を信じよう。ホームページから受ける印象、電話をしたときの感触、そんなものを信じるしかない。

数日かけて、またあちこちのサイトを見比べていった。見比べていく中で一つのことに気が付いた。どのショップも、たくさんの写真を掲載している。餌の販売もしている。フクロウを飼うということに対する注意も書かれている。爪やくちばしのメンテナンスに関することも書かれている。そんな具体的な事柄は、共通して書かれているにも関わらず、フクロウの金額が明記されているサイトがほとんどない。

買う立場としては、一番知りたい情報だ。どうして金額を明記しないんだろう。フクロウは、あまりにも高価なのか、それとも同業他社に金額を知られたくないのか、もしかして、フクロウ価格は、相場のように日々変動するものなのか。「価格は、電話・メールでお問い合わせください」と表示している店が多い。フクロウに出会った埼玉県のショップでは、個体それぞれに値札がついていたが、ショップまで行かないと値段はわからないのだろうか。

その中で一軒、神奈川県にある『梟屋《ふくろう》』という店だけが、十数種類のフクロウそれぞれに、販売価格を明記していた。ホームページ全体の印象にもどこか好感をもった。[*3] それに、その店は、旅行時などのフクロウの預かりや爪きりが「無料」と書かれているではないか。

ここだ！　そう感じた。

『梟屋』さんと出会う

さっそく電話をした。すぐにつながった。電話に出たのは女性だった。元気のいい明るい声が携帯電話を飛び越えてくる。古い友人と話しているかのような雰囲気だ。あれこれと質問をした。その一つ一つに丁寧に答えをいただいた。そして、「一度フクロウを見てみたい」と伝えると、「どうぞ、どうぞ、いつでもいらしてください」とそれまで以上に明るい声が返ってきた。

「フクロウを飼う」と言っても、右も左もわからない。

何はともあれ見に行こう！

日曜日。地下鉄から山手線に乗り換え、品川駅で東海道線に乗り換え、向かったのは、川崎駅。川崎駅に着き、西口からバスに乗る。『梟屋』さんに聞いた通りに乗り継ぐ。本来、一番近い最寄駅は、ＪＲ南武線の尻手《しって》駅とのことだが、川崎駅からバスの方が便利で分かりやすいらしい。降りるバス停も聞いてメモしてある。「電気の史料館入口」だ。川崎駅から十五分ほどで着いた。片道一時間三十分。バスを降り、店を探す。

店主の説明と住所をもとに着いた場所には、四階建てのビルが建っていた。

一階は、工場のようだ。その建物の周囲をぐるりと見渡すも「フクロウショップ」を示す看板などはない。（間違えたか？）と、しばしその周辺を探す。ない。ショップに電話をする。間違ってはいなかった。そのビルがそうだった。電話での説明のとおりに、ビルの外階段を二階ほど上る。玄関があった。一般家庭を思わせる玄関だ。チャイムを鳴らす。ドアホンから、「どうぞー」と、あの元気のいい声が飛び出した。扉を開ける。玄関からすぐ階段が上に続いている。頭の中に「？」が並ぶ。[*4]

（ここ？　ここにフクロウがいるの？　もしかしたら、ここは店主の自宅で、これから別の場所に案内されるのかもしれない）

そう思った。

玄関から声をかけると、店主が階段の上から顔を出した。

「どうぞ、どうぞ。ちょうど今、掃除中だったんですよ」

あの電話の声だ。にこにこと明るく、元気いっぱいだ。靴を脱ぎ、階段を上がって行った。

「どうぞ、入ってください」と、案内されて部屋に入る。廊下が数メートル続き、その奥は、リビングのようだ。廊下の左右は、部屋か、トイレか、浴室なのか、いくつかのドアがある。

「さあ、どうぞ、どうぞ！」

先を行く店主に続き、廊下を進む。すると、店主が、

「そこ！　気をつけてください」とぼくの足元を指さした。

見ると、足元に大型のフクロウがぼくを見上げていた。

フクロウだ！

フクロウがいた！

「その上も」と、見上げると、天井付近の止まり木からぼくを見下ろすフクロウ。

なんだ、ここは！

廊下を抜けると広いリビングだった。四十畳はあるだろうか。一階に工場を構えるビル

のワンフロアだ。広い。そのリビングのあちこちにフクロウがいる。立ちつくしたまま、その光景に目を奪われた。

突っ立ってるばかりじゃ仕方ない。名刺を出し、あらためてあいさつを交わした。目の前の女性が電話口で楽しそうにフクロウの話をされた店主だ。

名前は、千且淳子《せんだじゅんこ》さん。

名刺交換の時に、店主の両手の爪に目がいった。カラフルなネイルアートが施されている。背中の中ほどまでの明るい色の髪をざっくりと束ねた店主は、電話での声の通り明るい雰囲気をまとっていた。丸い大きな目は、明るい光をたたえ、ぼくの訪問を喜んでいるのが肌で感じられた。静かな色使いの清潔な装い。年の頃はどのくらいだろう。ぼくよりも下だろうか。

「フクロウの毛がおちてるので、毎日の掃除が大変ですよ！」と、笑いながら、全然大変そうじゃない。

「どうぞ、どうぞ、ようこそこんな遠いところまで」と、コーヒーを出してくれる。そんな店主を見ながら、（フクロウに似てるなあ）と、思った。根拠は全くないのだが、店主の明るく丸い目や全体の風貌がどことなくフクロウに似ている。（これだけたくさんのフクロウと暮らしているとだんだん似てくるのかな）と、思った。そう思い、あらためて部屋を見回す。

広いはずだ。ビルのワンフロアがそのまま部屋なんだ。建物は南向きで、バス通りを挟んで、向こうは鶴見川。日光を遮るものは何もない。部屋の南側は、全部腰高窓になっていて、陽がさんさんと入ってくる。この部屋は、四階にあたるようだ。一階と二階が工場で、三階が事務所になっているとのこと。普通の家庭のリビングとは比べ物にならない広さだ。部屋に入ると、すぐ右手にキッチンとカウンターがあり、リビング中央には、ダイニングテーブルが置かれ、その向うには、店主が仕事をするデスクがある。その奥にもドアがあり、どこかに通じているようだ。生活感たっぷりの部屋だ。そして、北側にあたる壁にそって、たくさんのケージが拵《こしら》えられている。リビングのあちこちに止まり木が吊《つ》るされ、そこにフクロウがいる。

(なんだ、ここは！)

コーヒーに口をつけながら、周りを見回す。

「どうぞ、自由に見てください」店主が立ちあがり、ぼくも椅子《いす》を立った。一羽のフクロウがぼくの頭上を飛んでいった。

壁面に拵えられたケージも、天井まであるような大型のものから、六〇センチ四方くらいの小型のものまで、たくさん設置され、その中にはそれぞれ様々な種類のフクロウがいた。フクロウどころか、ヘビやカメもいる。何種類もの爬虫類が透明のケースに鎮座する。もう一度心に呟《つぶや》く。

(なんだ、ここは!)

想像していたペットショップとは明らかに違う。普通の家庭だ。テレビがあり、ゴミ箱があり、掃除機が見え、食器だの衣類があるべきところにあり、そして、フクロウが頭の上を飛んでいく。

その光景に圧倒される。圧倒されながらも楽しくなる。

店主がいろいろと説明してくれる。フクロウの種類ごとに、その生態や餌や飼い方に注意点。フクロウの話を生き生きとする店主。その明るく豊かな雰囲気にぼくまでにこにこしてくる。ここにいるフクロウたちは、ぼくが最初に見たあの二メートルを自身の世界としたフクロウとは全然違う。その姿が自然だ。元気だ。そうだ、これがぼくの思い描いていたフクロウとの生活だ。人間の生活の中に当たり前のようにフクロウがいる。話を聞きながら見学を続ける。

「ここで食事もされるんですか」

「こないだケーキを食べていたら、その上にフクロウが降りてきて、足をクリームだらけにして」と笑う。

めちゃくちゃだ……（後に自分もそれを経験する）。

「これは趣味ですけどね」と、爬虫類。

なんだ、この部屋は。そう、部屋だ。一般家庭だ。まさに「フクロウの住む部屋」だ。とてもペットショップとは思えない。未知との遭遇。そんな部屋に驚きながらも、聞きたいことを聞いていく。そして、「飼いたい」という意志を話した。それとともに、ぼくの部屋の状況や生活サイクルを相談した。

うちにはこんなに大きな部屋はない。自宅の構造を説明する。この部屋を見たからかもしれないが、フクロウを飼うには、ある程度の大きさの部屋が必要なのかもしれないと、不安になっていた。うちは普通のマンションだ。UR都市機構の団地マンションだ。九階建ての八階。建物は、南向きで陽当たりは良好。

「北側に玄関があって、廊下があって、リビングです。そして、リビングに続いて、和室の六畳なんですが、そこが、ぼくの仕事場なんです。フクロウは、その和室六畳の仕事部屋で飼いたいんです」

「大丈夫ですよ！　部屋の大きさはあまり関係ありません。その方の生活に合わせた飼い方ができますよ」

そして、フクロウとの生活に関する不安点をあげていく。早朝から真夜中まで出かけていることもあるし、夜中中電気をつけっぱなしで仕事をしていたりもする。サラリーマンなどに比べ、不規則と言えば不規則な生活サイクルかもしれない。店主からは一つ一つに具体的なアドバイスをいただいた。ありきたりのアドバイスではなかった。フクロウと生活を共にしている店主ならではの言葉だと感じた。部屋の大きさも、生活スタイルも基本的には大丈夫なようだ。店主は終始にこにこと元気がいい。

話を進めるぼくたちの頭上をフクロウが飛んでいく。

ケージの中からは、ぼくをじっと見ているフクロウがいる。

こんなに自由で生き生きとしたフクロウと暮らせるんだ。

ぼくの仕事部屋にここにいるフクロウがやってくる。

すると、店主が唐突に、

「有精卵がとれたら連絡します」

えっ？　有精卵？　どういうこと？　ここにいるフクロウを買うんじゃないのか？　その疑問を店主に聞く。

「フクロウは、生まれた時から人間の手で、名前を呼んで育てるとめちゃくちゃ慣れるんですよ。その方が絶対いいですから。慣れるとかわいいですよ！」

刷り込み、という方法だ。「刷り込み」とは、人をその対象として、生まれたときから人の手で餌をやり、飼育環境下にいつも人がいて、その個体の名前を呼んで育てる。そんな方法だ。鳥は、生まれて最初に見た対象を「親」と思い接すると言われる。ノーベル賞を受賞した動物行動学者コンラート・ローレンツが「刷り込み」でガンの雛《ひな》を育てたエピソードは有名だ。『梟屋』さんに見学に行った頃は、そんなことも知らなかった。フクロウを飼いながら少しずつ知っていった。フクロウ飼育に関することは、『梟屋』さんでのアドバイスはもちろんだが、随分と参考にした一冊がある。その名も『ザ・フクロウ』（加茂元照・波多野鷹／著、誠文堂新光社刊）。

それによると、刷り込みは、「それぞれの要素によって、『自分をなにだと思っているか』『性対象としてなにを選ぶか』『ヒトをどのぐらい恐れるか』などが変わってくる。生後すぐに一羽を隔離して十分に長い期間ヒトが育てれば『自分はヒト、性対象もヒト、ヒトは怖くない』になるし、生後すぐに人工育雛《いくすう》に切り替えても、複数羽一緒だと、『自分はヒト、性対象は同種、ヒトはあんまり怖くない』といったことになる」

ぼくが飼うフクロウも「刷り込み」された個体にするべきだ、との意見。ぼくに否《いや》も応《おう》もない（現在、コトバは、自分のことを『ヒト』だと認識している。性対象も、多分『ヒト』だろう。そして、『ヒト』を怖れるどころか、『ヒト』であるぼくを餌係の家来ぐらいに思っている）。

「わかりました。そうします」

「あと数か月で卵もとれると思いますから」

初めてペットのフクロウを見て、数か月が経っていた。その間、調べに調べ、ショップを探した。ぼくの判断は正しかったと思った。あの日、初めての『梟屋』店主との電話。ぼくの感触は間違っていなかったと思った。この『梟屋』さんに来て、店主に出会い、たくさんの話を聞き、たくさんのフクロウを見た。フクロウが好きで好きでたまらないという店主の感情が強く伝わってきた。

商売抜きでフクロウ大好き。

フクロウが本当に好きな人に飼ってほしい。

フクロウ第一、商売二の次。

アフターサービス万全。

そんな店主で、そんなショップだった。

フクロウを受け入れる準備だ

たくさんのフクロウを見、店主にいろいろな話を聞き、最終的にぼくが選んだフクロウは、『アフリカオオコノハズク』という種類だ。

略して『アフコノ』。「○○ズク」と名付けられているフクロウは、現在入手できるだけでも「サバクコノハズク」「スピックスコノハズク」「ワシミミズク」などたくさんの種類がいる。彼らは、フクロウの中でも「ミミズク」に分類される種類だ。ミミズクは、頭に耳のような毛（耳羽《じう》）があるのが特徴になっている。見た目は耳に見えるけれど、実際は耳とは関係ない飾りらしい。ぼくが選んだアフリカオオコノハズクも「ミミズク」の種類で、頭の上に耳羽がついている。一方、その耳羽のない種類は、まさに「フクロウ」だ。名前からもわかる。「シロフクロウ」「メンフクロウ」「モリフクロウ」「コキンメフクロウ」「アナホリフクロウ」などだ。

アフコノは、自然界では、南アフリカの乾燥したサバンナ地帯に分布する小型のフクロウだ。気性の激しいフクロウに分類される。人間にはあまり慣れない種類だという。「ポポちゃん」という名前のフクロウをその頃よくテレビで見かけた。テレビ番組で話題になったあの「細くなる」フクロウだ。*5

なぜ、その種類にしたのか。

一目惚れ《ひとめぼ》というやつだ。

『梟屋』さんには、アフコノが何羽もいて、その表情の豊かさと時折見せる猛禽類《もうきんるい》特有の鋭い眼に惚れてしまった。小型の種類、というのも選択の大きな理由だった。大型の種類だと、餌の準備が大変らしい。それに、鳴き声も体に比例して大きいという。うちはあいにくと都内のマンション。真夜中に大声でフクロウが鳴いていたら、隣近所も驚くだろう。予期せぬ問題に発展しないとも限らない。アフコノの鳴き声は、『梟屋』さんで聞いた限り、一部屋でおさまるくらいの大きさだった。匂《にお》いもそうだ。鳴き声と匂いについて、店主に確認した。「大丈夫だとは思いますけど個体によりますから」との答え。

なるほど。そりゃそうだ。

一か八かの運任せ。

問題が起きれば真摯《しんし》に対応するしかない。

腹をくくる。

「よし！　決めた！　アフコノ一羽ください！」

ください、と言ったところでここにいるわけではない。卵を予約するわけだ。数か月後にとれるであろうアフコノの有精卵を予約した。それまでの数か月間は、フクロウを受け入れる準備だ。

まずは、フクロウの部屋であるケージだ。それは、この日、『梟屋』さんで注文した。大きさは、六〇センチ四方。木製で中には止まり木が二本。前面には、ステンレス製の頑丈な金網。糞を受けるための新聞紙の取り替えがし易《やす》いように工夫されている。『梟屋』特製の手作りケージだ。出来次第、送ってもらうことにした。そして、フクロウを搬送するためのかご。それも、『梟屋』さんで扱っているものを頼んだ。ショップオリジナルだ。籐製で、かごの中には、止まり木が取り付けられている。ケージも搬送かごもフクロウのための造りになっている。

自宅では、部屋の数か所に止まり木を設置する。木製の棒に人工芝を巻き付けた止まり木をぼくの仕事机の目の前に、天井から紐を吊るして取り付けた。半間の押入れもフクロウのために開放しよう。そこに入っていた荷物をほかの場所に移動し、高さを変えて、三本の止まり木を取り付ける。そして、部屋を横断する三メートルの止まり木も作った。どの止まり木を気に入ってくれるだろうか。

アフコノとの生活を夢想する数か月。

フクロウの生態を調べる数か月。

インターネットで情報を入手し続けた数か月。

そして、年が変わった。

コトバが産まれた！

「卵がとれましたよ！」

店主から元気のいい声で連絡があった。

「名前は何にしますか？」

決めていた。

飼う、と決めた時には名前も決まっていた。

「名前は、コトバ、です！」

「わかりました。コトバちゃんって呼びながら育てますよ！」

ぼくのフクロウがこの世に産まれ出た！

でも、まだ卵だ。元気に産まれてくるように祈る。

コトバ、もうすぐお前は殻を破り、翼を大空に広げるんだ。

ぼくの相棒が産まれ出た。恋人が産まれ出た。子供が産まれ出た。家族が産まれ出た。

どんな言葉も少し違う。ぼくが長い間フクロウに対して抱いてきた思い。その時には言葉にならなかった。そうだ、ぼくは、ぼくの仕事である劇作に何度もフクロウを描いてきた。フクロウがそのまま登場してくる舞台を書いたこともある。フクロウが真夜中に飛翔するその思想性を台詞《せりふ》に書いたこともあった。

『生まれたばかりのこんな濡れた翼じゃどこにも飛べない』[*6]

『俺は、乾いた翼が欲しかった』

『この体を持ち上げるだけの翼が欲しいだけなんだ』


今を突破したい。ここを超えたい。惰性の毎日を駆け抜けたい。言葉をその浮力とし、揚力として大空を羽ばたきたい。フクロウの翼にそんな自分を重ね合わせてきた。作品の中にそれを書き続けてきた。今、フクロウが卵から産まれ出ようとしている。コトバが卵の殻を破り、世の中に飛び立とうとしている。

初めて見た本物のフクロウは、足に革紐がつけられていた。それが、フクロウ自身にとって不幸なことかどうか、それはわからない。ただ、それを見たぼくは、寂しいと思った。立派な翼があっても半径二メートルの世界を飛ぶことしかできない。それを、寂しいと感じた。そして、ぼくのフクロウにはそんな寂しさのない命であってほしい、と思い続けてきた。一か月後にはこの仕事部屋にやってくる「コトバ」は、ぼくとの生活に何を思うだろう。ぼくとの毎日に何を感じるだろう。本を読む毎日、脚本を書く毎日。舞台作品を創る毎日。そんな毎日にコトバは何を思うだろう。なついてくれるだろうか、仲良くなれるだろうか。そんなことを思いながら、卵が孵《かえ》る日を待った。

『梟屋』さんから、卵の写真が送られてきた。小さな卵だ。ウズラの卵くらいだろうか。形は、楕円よりも球体に近い。その写真を何度も見る。（お前がコトバか）とニヤニヤするも、かわいいかどうかなんかわかりはしない。産まれ来るその日を待つ。元気に産まれてくるように……。そして、

二〇〇六年四月二十九日、

「孵りましたよ！」

店主の声が携帯電話を飛び出してきた。

コトバが産まれた！

送られてきた写真では、フクロウだかなんだかわからない。フクロウどころか鳥にも見えない。毛糸のかたまりだ。何者だかわからないおかしな生き物が写真に写っていた。これがフクロウの赤ちゃんか。

目を閉じて、うずくまっているコトバ。数週間、『梟屋』さんで育ててもらう。店主によると赤ちゃんの頃の飼育はなかなか大変らしい。餌を与える間隔も数時間おきだというし、病気や怪我にも注意しなければならない。なるほど。ならば、専門家に任せるに限る。「コトバ」と名前を呼びかけてもらいながら、『梟屋』さんを巣立ち、ぼくの部屋にやってくる日を待つ。

成長していく姿が写真で届く。日が経つにつれ、だんだんとフクロウらしくなっていくコトバ。

2
フクロウが家にやってきた！

この舞台が終わったら

「いつ引き取りに来られますか？」

五月半ば、『梟屋』さんから電話があった。

「もういつ来られても大丈夫ですよ」

その電話をもらった頃、ぼくは、舞台上演のための稽古や準備で毎日を忙しくしていた。

舞台の本番は五月下旬。

「舞台が終わったら行きます」と返事をした。

「早く来ないと一番かわいい時期が終わってしまいますよ」と『梟屋』さんは、笑いながら半ば脅すように言う。

「今が一番かわいい時期なんです。毛がわたわたしてて、そりゃかわいいですよ」

そんなことを聞いたら居ても立ってもいられない。でも、目の前には舞台の本番。その舞台では、脚本と音楽を担当していた。本番前のその頃は、作曲と録音の真っ最中だ。連日の徹夜、楽譜を睨《にら》みながらピアノを弾き、レコーダーを操作し、パソコンに取り込んだり出力したりの作業に追われていた。こんな時期にフクロウがやってきたら仕事にならない。当たり前だ。そんなにかわいい奴がやってきたら、何にも手につかないじゃないか。

そう心の中で叫びながら、

「舞台が終わったらすぐ行きますから」と、また写真を送ってもらった。

確かにかわいい。ふわふわの綿毛にくるまれた何だかよく分からない生物が写っている。『梟屋』さんが「わたわた」と表現するのがよくわかる。なるほど、わたわたの赤ちゃんだ。まあるい目をくるりと開けてきょとんとしている。（早く舞台が終わらないかな）そればかり思っていた。赤ちゃんフクロウの写真をピアノの譜面台に置き、作曲を進めた。同じ写真をスタジオに持ち込み録音をした。

「高木さん、その写真は？」

スタジオ・エンジニアに聞かれた。

「彼女？」

彼女みたいなもんですよ。

フクロウを飼うんです。

こいつ。

名前は、コトバ。

この舞台が終わったらうちに来るんです。

「フクロウ？　フクロウ飼うの？　フクロウって飼えるの？」

スタジオ・エンジニアは目を丸くして写真に見入った。

「これがフクロウ？　フクロウに見えないね」

彼はそう言って、あれやこれやとフクロウのことを聞いてきた。


フクロウって何を食べるの？

夜行性なんだよね。

耳がいいんでしょ。

頭がぐるぐる回るんだよね。

どこで飼うの？

かごの中？

糞の処理はどうするの？

なつくの？

どのくらい生きるの？

聞かれても具体的に答えようがない。まだ実際に飼っているわけではないのだ。本やインターネットで仕入れた知識で答えを返す。彼がいろんなことを聞きたくなるのもわかる。ぼくもかつてはそうだった。フクロウを本当に飼えるとは思ってもいなかったんだ。彼の中でもぼくと同じように、フクロウは自然の中にいる生き物であり、テレビや映画で見るものであり、物語や言い伝えの中に出てくる不思議な鳥なんだ。

「フクロウが部屋で飼えるんですよ」

誇らしげにそうは言っても犬や猫や小鳥のように飼育方法が確立しているわけでもない。丁寧なマニュアルがあるわけでもない。長い時間をかけて多くの経験に裏打ちされた参考書があるわけでもない。あれこれと聞いてくるスタジオ・エンジニアの質問は、ぼく自身の質問でもあった。

飼ってみなければわからない。

一緒に生活してみなければわからない。

試行錯誤の毎日になるだろう。

病気になるかもしれない。

怪我をするかもしれない。

もしかしたらすぐに死んでしまうかもしれない。

ぼくの不手際でそんなことになるかもしれない。


でも、何があっても『梟屋』さんの元気な店主が相談にのってくれるだろう。自分に言い聞かせる。そうは言っても、自宅から『梟屋』さんまでは随分遠い。何かあったらどうしたらいいんだろう。コトバがやってくるまでの数週間、期待と不安の中で過ごした。何十曲もの曲を作り、舞台ではミキサー卓を操作し、疲れ果てて一本の舞台を終えた。

コトバがやってくる。うちには事前に用意した立派な専用ケージがある。コトバ、お前の家だ。そして、友人からもらった冷蔵庫もある。コトバ、お前の餌専用冷蔵庫だぞ。止まり木だって何本も取り付けた。気に入ってくれるだろうか。そんなことを思いながら、公演終了後の事務処理を淡々とこなし、
二〇〇六年六月。

コトバを引き取るために『梟屋』さんに向かった。

見学に行った時と同じように電車とバスを乗り継いで、コトバを迎えに行った。

コトバがいた！

「もー、早く来ないからかわいい時期が終ってしまいますよ」

と入るなり、店主が笑った。

ビルの三階にある玄関を開け、階段を上がる。そんなこと言ったって、こっちだって忙しかったんだ。それよりコトバは、どこだ。どの子だ。どこにいる。

「さあ、どうぞ」と迎え入れる店主の爪には、以前よりも賑《にぎ》やかなネイルアートが施され、足元にはバウムクーヘンに似た顔の大きなフクロウがぼくを見上げていた。やっぱり大きなリビングだ。相変わらずいろんな種類のフクロウがそこら中に居る。


「この子ですよ。コトバちゃん」


リビングに据えられたケージの中にコトバがいた。

（お前がコトバか、小さいな。やあ、今日から一緒に暮らすんだ。よろしくな）

コトバとの初対面。そんなある種の感傷に浸ろうと思っていたが、店主は隣で相変わらず明るく元気がいい。喋《しゃべ》りっぱなしだ。

「かわいいでしょ！」とニコニコ。

「この子はとても元気がいいですよ」と、まるで我が子だ。

「コトバちゃん、コトバちゃん、高木さんが来ましたよ」


コトバだ。

目の前にコトバがいる。

小さい頃から憧れ続けたフクロウ。

夜を飛翔する独立独歩の翼。

暗闇と孤独をものともしない勇気と思考。

智慧《ちえ》の象徴、幸福の鳥。

憧れ焦がれたフクロウだ。

本当に飼えるんだ。

コトバと名付けたフクロウ。


今、目の前にいる。まだまだ赤ちゃん。大空を我が物顔に飛ぶイメージとは程遠い。頭でっかちの二頭身。もしゃもしゃの綿毛をまとい、ずんぐりむっくりの赤ちゃん怪獣。どこからどう見ても翼を持った鳥とは思えない。ワシやタカと同じ獰猛《どうもう》な猛禽類の一種とはとてもじゃないが思えない。小生意気な顔をしている。丸い顔のくせになんだか威張っている。

「ね、高木さん、かわいいでしょ」

その言葉に、店主とコトバの数週間の生活が垣間見え、軽い嫉妬を覚える。

「コトバちゃん、さあ、出ましょうね」

ケージの中からコトバを抱え出し、

「コトバちゃんは、かわいいですねー。コトバちゃんはいい子ですねー」

と何度も声をかけている。小さなコトバを店主はその両手に優しく包み込み、くちばし、爪、羽の状態をチェックしながら、

「コトバちゃんは、男の子でしょうね」

と言った。理由を聞いてみた。フクロウの性別は、数年経たないとはっきりとはわからないらしい。もちろん血液をとりDNA検査をすればわかるということだが、それほどのことでもない。店主の「男の子でしょうね」という発言は、メスよりもオスの方が、少し体が小さいということに起因するらしい。店主の経験則か、生物学的にそうなのか、それ

はわからないけど、そんな傾向があるらしい。リビングのケージから小さな搬送かごに移されたコトバは、その中でキョロキョロと周りを見回し、ぼくを見上げた。

コトバは、男の子。

男か！　よし、ぼくが鍛えてやろう！　やんちゃな顔をしてるな。いたずらっ子の顔だ。仲良くしような。一緒に遊ぼう。そんなことを思いながらもふと我に返る。

そうだ。聞きたいことが山ほどあるんだ。コトバと出会った感動は大きいが、今日から始まる飼育に関しては不安だらけだ。本やインターネットで仕入れた知識は理想論。実際に「ぼくが飼育する」、「ぼくとコトバの生活」に、その理想的な知識が全《すべ》て当てはまるとは言えないだろう。それはそうだ。本に書かれている状況と実際のぼくの状況は何もかもが違う。部屋の大きさも違う。生活サイクルも違う。何より、フクロウ一羽一羽が違うんだ。餌を食べる量も違うだろう。鳴き声も匂いも違うはずだ。性格や性質も違うだろうし、その肉体の特質も違うだろう。人間と同じように中にはひねくれたやつもいるだろう。孤独癖をもつものもいるだろう。思索癖をもつものや、放浪癖をもつものもいるかもしれない。体のひ弱なやつもいるはずだ。甘えん坊だって、威張りん坊だっているだろう。

フクロウを飼おうと決めた日を思い出した。ペットを飼うということへの原罪的な罪悪感。小さな搬送かごに入れられたコトバを見ながら、
お前の命をぼくが左右しようとしている。
あらためてそう思った。身の引き締まる思い、というよりも一抹の寂しさを感じた。その寂しさは、フクロウ本来の野生に対するものか、それとも人間の生活の中に野生を閉じ込めてしまうことによるものか……。(ぼくが、お前の命を左右する) 心の中で呟いてみた。そんな感傷を感じ取ったのか、店主が不意に言った。

「私は、何羽も殺しましたよ」

飼育書もない、マニュアルもない、相談する人もいない、フクロウを診《み》てくれる獣医もいない、毎日が試行錯誤。私は、これまで何羽も殺してしまいました。そう語る店主。その声にあの元気な笑顔はない。
「でも、フクロウがかわいくて、フクロウが大好きで、だから、何羽も何羽も飼って、ようやくこうして店にすることができました。というより、いつの間にか店になってしまったんですけどね。日本で手に入るフクロウはほとんど飼育しましたよ。フクロウの病気や

怪我もたくさん経験しました。だから、わからないことや困ったことがあったら、すぐに電話してください。なんとかしますから。電話はいつでもいいですから。二十四時間いつでも大丈夫ですから」

店主に笑顔が戻る。その笑顔を見て、ぼくも元気になった。今日から始まるコトバとの生活に対する不安も店主の笑顔の前にあらかた消えてしまった。

とはいえ、具体的なことは聞いておかなければならない。大体のランニングコストは確認してあったが、それでもこれから何がしかの費用はかかってくるだろう。新たに用意した方がいいものもあるかもしれない。生活スタイルも検討した方がいいのかもしれない。仕事との折り合いをつけなければならないこともでてくるだろう。どんな毎日になるのか想像もつかない。

まずは餌のことだ

餌は、どうやって準備するんですか?

店主に聞いた。もちろん、それまでの本やインターネットでの予習でフクロウが肉食だということはわかっていたし、店主からも餌のことは聞いていたが、どうやって準備するのか、どのくらい食べさせるのか、一日何回用意するのか。そんな具体的なことは聞いてはいなかった。餌の用意は毎日のことだ。犬や猫や小鳥のように専用の缶詰や人工フードなどが売られているわけではない。「餌を準備する」ということが毎日の仕事になる。

餌と言えば、「フクロウを飼っている」と話題にあげると、「何を食べるんですか」と必ず聞かれる。そう聞かれたら、「ネズミを食べます」と答える。[*7] そう言うとほとんどの人は、「えっ」という顔をして、興味深そうに「ネズミ？」と聞き返してくる。「ネズミです」と答えるしかない。だって、ネズミをおいしそうに食べるんだから。より正確に言うなら、餌用に飼育され、冷凍の状態で保存された「マウス」だ。そして「ウズラも食べますよ」と続けて答える。

「ウズラって、ウズラの卵のウズラ？」

決まってそう聞かれる。「そうです。ウズラの卵のウズラです」とこれまたそう答えるしかない。その「ウズラ」も餌用に飼育されたもので、マウスと同じように冷凍で保存されている。フクロウに与える時は、毎回「解凍」して、食べやすく「捌《さば》く」。

「マウスはカロリーが高いから、ウズラと併用にした方がいいと思いますよ」と店主は言った。いいと思うもなにも、こっちは何もわからない。言う通りにまずはやってみようと思っているだけだ。

「ウズラをメインにして、マウスはご馳走《ちそう》って感じがいいでしょう」

搬送かごに入れられ、心なしか不安そうな顔をしているコトバを尻目《しりめ》にメインの餌となるウズラの捌き方を教わる。店主が解凍されたウズラを手にして来た。ウズラ、と言っても店主の手の平にのせられたそれは鳥には見えない。頭と足がカットされ、内臓が取り除かれている。手羽もない。胴体だけだ。八センチくらいだろうか。体表の毛はついたままの餌用ウズラ。

「これがウズラです。冷凍になってますから解凍してから、こうして皮を剝《む》いて、……」

と実地に説明してくれる。毎日の作業となった現在では、何も感じないが、初めてそれを見たその時は衝撃的だった。皮を剝いたウズラの腹をキッチンバサミで左右に切り裂く。そして、肉叩《たた》きで骨を砕くのだが、

「これは、ちょっとスプラッタだからあっちでやってきます」

と店主は、キッチンの方へ行った。重要な作業なのに見られなかった。そんなのでいい

のか、と思いながら、言われたからにはこっそり覗《のぞ》くわけにもいかない。

「要は、骨が砕けて、コトバちゃんが食べやすくなればいいんですよ」と笑っている。

キッチンから戻って来た店主の手には、皮が剝かれ骨が砕かれ小さく刻まれたウズラがあった。こうして書いてみると残酷なことをしている、とも思う。でも餌だ。コトバの餌だ。毎日おいしそうにそれをぱくぱく食べるコトバを見ていると、そんなことも思わなくなる。

店主の説明を聞いて、ウズラに関してはなんとなく理解した。とはいえ、自分でやってみないことにはなんとも言えない。次は「マウス」だ。これは、口頭での説明。

「マウスを解凍して、腹を切り裂いて、内臓を取り出して、食べやすい大きさにカットすれば、ＯＫ！」

……なるほど……なかなか残酷じゃないか。腹を切り裂くのか……内臓を取り出すのか……胴体にハサミを入れてカットするのか……んー……まあ、自分でやってみないことには……。

「すぐ慣れますよ」

店主は笑っている。

「えーっと、あとは」と、定期的に与える栄養剤の説明を受けた。総合ビタミン剤やカルシウム剤、消化剤などのサプリメントだ。自然環境下でいろんなものを食べる状態と飼育下での餌では当然ながら摂取できる栄養価が違う。その違いの中で不足する部分をこうした専用サプリで補ってやるらしい。与える量は一グラムとか、耳かきに一杯とか、極少量。「たくさんあっても仕方ないですから」と、店主がサプリメントを小分けしてくれた。与える餌の量は、きちんと計測した方がいいらしい。餌の管理やサプリメントの管理にデジタル・スケールがあった方がいいだろう。コトバのためだ。新規購入決定。餌は、二か月に一回くらいのペースで『梟屋』さんから購入することにした。電話で注文すれば、数日後に冷凍宅配便で届くとのこと。

餌については、「ウズラ」「マウス」の他に、「コオロギ」や「ミルワーム」というのもある。『梟屋』さんでは、それらも扱っており、一度コトバにも与えたことがある。コオロギは生きたままだ。コオロギを与えようとケージの中に入れると、猛禽類特有の鋭い爪先でそれを捕まえようとする。でも、コトバはうまく捕まえられない。コオロギは、余裕で逃げている。コトバはコオロギを目で追い、必死に捕らえようとするのだが全然だめだ。それを見ているとかわいくも情けなくなる。

大丈夫か、コトバ……。

コオロギに遊ばれてるぞ。

調子が出てきたら、うまく捕まえて食べるだろう、としばらくケージの中にコオロギを入れておいた。その日の夜中、風流に「リンリン」とコオロギの羽音がし、それに合わせるように、コトバの気弱な鳴き声が聞こえた。それから数日間、餌であるコオロギとコトバの奇妙な共同生活がケージの中で行われた。結局、コトバは、一匹も捕えることができず、二十匹ばかり買ってきたコオロギは、部屋の中に逃げていき、しばらく部屋のあちこちでリンリンとうるさく鳴いていた。

そして、ミルワーム。大きなミミズといった感じの生物。これは動きが遅いのでコトバでも捕まえられた。くちばしでぱくっと咥《くわ》え、飲み込もうとするのだが、ミルワームはくねくね身を捩《よじ》らせ動き回る。コトバはそれを咥えたまま、どうしたものやらとぼくを見上げる。(これ、どうする?)気味の悪い生物を咥えてそんな目でぼくを見てもどうしてやることもできない。食べろ、と声をかけてもくちばしの先でくねくねするミルワームに手を焼くコトバ。時間をかけてようやく一匹飲み込んだ。

どうも苦手らしい……。

そんなこんなで現在は、「ウズラ」と「マウス」に落ち着いている。

そして、もう一つ餌＝食物について。『ザ・フクロウ』によると、アフリカオオコノハズクという種類のフクロウが食べるものは、サソリ・クモ・昆虫類・爬虫類・小型鳥類・哺乳類など、とある。コトバ、お前はサソリやクモなんかも食べるのか。案外凶暴なんだな、と飼いはじめた当初思ったことがある。でも、実際のコトバは全然そんなことはない。怖がりでわがままで甘えん坊でいたずらっ子で、そのくせ威張っている。

飼育上の注意点を聞く

餌の事はなんとなく分かった。「なんとなく」というのは、自分でやってみて慣れるしかないという要素が多過ぎるからだ。店主にしても、飼い主それぞれに、自分に合ったやり方があるということがわかっているのだろう。店主自身の方法を押し付けてきたりはしない。餌のことに続いて、わからないことをあれこれと聞いていく。

「糞はどうしたらいいですか」

「フクロウは、とまる場所が大体決まってますから、その下に新聞紙を敷いておけばいいですよ。うちは燃えるゴミの日に取り替えてますけど、毎日取り替えるって方もいらっしゃいますよ」との答え。

「最初のうちはあちこちに糞をするでしょうけど、それは仕方ないです。あきらめてください。新しい環境に慣れるまではいろいろありますよ」とやっぱり元気に笑っている。

「ケージの中に入れておく時間ですが」

「邪魔にならなければ、ケージに入れなくてもいいんじゃないですか。部屋の中に放しっぱなしでもいいし、高木さんが寝る時間はコトバちゃんもケージに入れるとか、高木さんが部屋にいる間は出しておいて、出かけるときだけケージに入れるとか、生活スタイルに合わせればいいですよ」と具体的でもなんでもない。

「爪やくちばしの手入れはどうしたらいいですか」

「自分でもできますよ。コトバちゃんを捕まえて、羽ごとタオルで包んで切ればいいんですよ」と事もなげに言う。簡単に言うが自分でできるとはとても思えない。そう伝えると、

「うちに連れて来ればカットしますよ」

わかりました。そうします。

現在もその通りに定期的にコトバを連れて行き、健康チェックをかねて、爪やくちばしの手入れをしてもらっている。

「ロストには気をつけてくださいね」

店主が言った。ロストとは、フクロウを逃がしてしまうことだ。

「フクロウはどんなに小さな隙間《すきま》からでも出て行くんですよ。コトバちゃんは小さいし、窓やドアの開け閉めには気をつけてください」

店主自身も、何度かロストしたことがあるらしい。その経験を語ってくれた。リビングの続きにある洗面所に案内され、そこの小さな小窓を指して、

「ここから逃げ出したんです。フクロウは、飛びあがる前に体を軽くするために、糞をするんです。その時もここに糞が落ちていました」

逃走現場を見せてもらい、逃げてから捕まえるまでの話を聞き、そんなことになったら大変だ、と思った。気をつけるしかない。

「コトバちゃん、逃げたらダメですよー。高木さんが悲しみますよー」と搬送かごの中にいるコトバに声をかける。全くだ。逃げたらダメだぞ、コトバ。

店を後にした。店主がＪＲ川崎駅まで車で送ってくれた。東海道線、山手線、地下鉄と同じルートを乗り継いで帰る。

来たときと違うのは、コトバが一緒にいるということだ。手に持った搬送かごの中には、小さな赤ちゃんフクロウ、コトバ、コトバ。移動時のストレスが少なくなるように、かご全体が布製のカバーで覆われている。座席に腰掛け、膝の上にかごをのせる。コトバ、小一時間の辛抱だ。カバーを少しめくりコトバを覗いた。

その時、コトバがケージの中からぼくを見上げて、「にゃー」と鳴いた。

「にゃー」？

なんだ、その鳴き声は？

電車の中で不安に襲われる。フクロウは、「ホー」って鳴くんじゃないのか？

「にゃー」？

どこか体が悪いのか？

電車移動というストレスでどうにかなったのか？

山手線の中であれこれと嫌な予感が渦巻く。

（どうしよう？　店主に電話した方がいいのか？　もう少し様子を見ても大丈夫なのか？　次の駅で降りて、どこか静かな場所に移動した方がいいのか？　あと一息、自宅まで頑張ってみてもいいのか？）

後述するが、そんなことではなかった。ただ、飼い始めた頃は、いろんなことが気にかかり不安になったりしたもんだ。

3 コトバとの生活が始まった

コトバの暮らす部屋

大切に搬送かごを抱えて帰宅した。昼過ぎだった。日差しがたっぷりと入る明るい仕事場にかごを置いた。ベランダにつながるサッシと入口のドアが閉まっていることを確認した。そして、布製のカバーを外し、蓋《ふた》を開けた。緊張の一瞬だ。

さあ、ここがこれからお前の暮らす部屋だ。
好きなように飛べ。
狭い部屋かもしれないが自由に飛べ。
コトバ、お前の足に革紐をつけるなんてことはしない。
この部屋での自由を制限しやしない。
ここが今、気に入らないなら、お前が気に入るまで手を入れよう。
真新しい専用のケージはどうだ。

あちこちに取り付けた止まり木はどうだ。

お前専用の冷蔵庫だってあるんだ。


心の中でコトバに語りかける。さあ、自由に飛べ、と。けれど、ぼくのその思いとはうらはらに、コトバは、搬送かごの中からきょろきょろと周りを見回すばかりだ。電車での移動で疲れているのかもしれないな。無理に出すより、自分で出てくるのを待つほうがいいだろう。周りに慣れればすぐに飛び立つはずだ。そう思った。

かごの中のコトバを眺め続ける。

フクロウか、と改めて感慨に耽る。

小さいな。

これからよろしくな。

憧れ続けたフクロウがここにいる。子供の頃から憧れ、劇作家となった今もその姿に自分を重ね、憧れと羨望を抱いてきたフクロウがここにいる。一方的に恋焦がれてきたフクロウ。夜という夜に獲物を狩るため大空に飛び立つフクロウ。孤独と泰然。孤高の存在。ずんぐりむっくりのその体から放たれる真夜中を支配する鋭利な思想。

ぼくもいつか翔《と》ぶんだ。
この両手を翼とし、大空へ。
そんな思いをまさに具現するフクロウ。
その名もコトバ。
コトバ、ぼくはお前と出会った。お前との出会いは、きっとぼくを変えてくれる。
さあ、コトバ、そんな小さなかごから出てきて、飛べ！
自由自在に飛べ！

コトバが出てきた！

歩いて、出てきた。
のこのこと歩いて出てきた。
畳の上に立った。
あれ？　飛ばないの？
コトバさん、コトバさん、なんで歩いてるの？
とことこと畳を歩いている。

時々立ち止まって、首をぐるぐる回し、いろんなものを観察している。

ほら、あれがお前の止まり木だ。

声をかけても、とことことこ。

ここがお前の家だ。自由に飛んでいいんだ。

声をかけても、とことことこ。

コトバ、お前のわがままは何でも聞こう。

さあ、飛びたて！

ぼくの声が聞こえるのか聞こえないのか、畳の上をとことこ歩き回るコトバ。歩き回りながら、興味深そうに目の前のものを観察している。まあるい目を見開いて、首をぐるぐる回しながら、いろんなものを見ている。

そして、ぼくを見上げて、「にゃー」と鳴いた。

フクロウの鳴き声

フクロウは「ホー」と鳴くものだと思っていた。そりゃそうだ。フクロウは「ホー」だ。

小さい頃からそう思い込んでいた。でも、それは間違いだった。フクロウはいろんな声で鳴く。

それにしても「にゃー」には驚いた。その声は、どう聞いても猫の鳴き声にしか聞こえない。子猫だ。猫フクロウだ。飼い始めて数年を経た現在は、鳴き声でコトバがどんな気持ちでいるかを察することができるようになったけれども、それまでは、いろんな鳴き声に心配したり、笑ったりした。

「ホー」と鳴けるようになったのは、三歳を越えてからだった。それまでは、「うぎゃーうぎゃー」と騒いだり、「ぴぴぴぴぴ」とひよこのようだったり、「にゃーにゃー」と子猫のようだったり、時々大声で「ぎゃー」と一声あげたり、「うー」と犬のような唸《うな》り声をあげてみたり。

それらの鳴き声もこうして一緒に暮らしていくとだんだんにわかってくる。

「にゃー」は、お腹をすかせているとき。
「うぎゃー」は、退屈なとき。
「うー」は、機嫌の悪いとき。
「ぴぴぴぴ」は、警戒しているとき。
「ぎゃー」は、今もって不明。

現在は、「ほっほー」と鳴くことが多い。お腹をすかせると今も「にゃー」と鳴くけれど。ぼくが、「ほっほー」と声をかけると、「ほっほー」と鳴き返してくる。やっぱりフクロウには、「ホー」という声が良く似合う。コトバは、フクロウの中でも体の小さな種類なので声も小さいのかもしれないが、それでも「ほっほー」という声には、なんとも言えない情緒を感じる。

真夜中、コトバをケージに戻し、部屋の電気を落とす。ぼくもベッドに横になる。ナイトスタンドを点けて、本を開く。大好きな時間だ。好きな本のページをめくる。すると、静かに「ほー、ほー」と聞こえてくる。コトバがケージの中の暗闇で一人静かに鳴いている。その声は、深い森の中にいるような錯覚を覚えさせる。幽玄。深淵。孤独と思索。

ベッドに横になり、本を読みながら、コトバに声をかける。

「ほっほー」

コトバが、それに応えて鳴き返す。

「ほっ、ほー」

真夜中に繰り返される静かな静かなぼくとコトバの対話。

ぼくは、「ほっほー」という音の中に万感をこめる。

コトバとの出会いをこめる。
コトバとの生活をこめる。
コトバの健康を祈る。
コトバと仲良く暮らせる幸せをこめる。
コトバは、何を思って鳴き返すのか。
「ほっ、ほー」
低く響き渡る鳴き声。
真夜中の深い森の中。
遠くからフクロウの声だけが聞こえてくる。
幽玄という言葉が一番近い。
心落ち着く鳴き声だ。
人を思索に誘う声だ。
思考を深くさせる声だ。
開いた本を閉じ、目を閉じる。
「ほー、ほー」
暗闇に一人、静かにコトバが、鳴く。

さて、コトバがこの部屋にやって来た日だ。コトバは畳の上を歩き回っていた。あっちを覗き、こっちを覗き、上を見上げてきょろきょろきょろ。好きにさせてやろう。ここはお前の家だ。好きなように暮らすがいい。あっちをきょろきょろ、こっちをきょろきょろ。

フクロウの首は、自在に動く。書物や映像の知識でそのことは知っていたけれども、こうして目の当たりにすると、その首の動きに目が釘付けになる。言われるように確かに真後ろまで首が回る。真横に倒すこともできる。ぐるぐると人気のダンスグループの動きのように首を回す。首の関節はどうなってるんだ！

搬送かごから歩き出てきたコトバは、部屋中の物をそうやって首を回しながら観察し、畳の上からベッドに飛び乗った。ベッドの上でも首をぐるぐる。そして、ようやく止まり木を見つけたようだ。(やっと見つけたか) 自慢の止まり木だ。コトバ、お前が喜ぶようにあちこちにとりつけた。きっと気に入る場所がある。さあ、飛び立て。この家は、お前のものだ。自由に飛べ。

コトバが飛び立った。

バサリと音をさせ、翼一打ち。

バサバサと翼を上下させ、止まり木目掛けて飛び上がった。

そうだ、お前はフクロウだ。
真夜中を自在に飛翔する夜の王様だ。
止まり木まで飛べ！
バサバサと翼を打ち、コトバが上昇する。
もうすぐだ。
ほら、すぐそこが止まり木だ。

畳の上に落ちてきた……
力尽き、へなへなと畳に着地した……

なるほど、まだ羽の力が弱いのか。少しずつ飛ぶ練習もしていくんだろう。とはいえ、いつまでも畳の上を歩かせておくのも具合が悪い。手の平にのっかるほど小さい赤ちゃんだ。誤って踏んでしまったら……そんなことを考えるだけで恐ろしい。コトバ、お前の家に行こうか。

コトバを両手で抱えて、新品のケージの中に入れた。きょとんとした顔でぼくを見る。ケージに拵えられた止まり木にとまらせる。しっかりと止まり木を摑《つか》んで立つコトバ。いいじゃないか。いい姿だ。コトバ、どうだ、このケージは。お前専用の部屋だ。気に入ってくれるといいんだが。

コトバは大人しくケージの中におさまった。しばらくして様子を見てみると、止まり木の上で横になって寝ていた。あれっ？　フクロウって、横になって寝るのか？　なんだ、なんだその奇妙な格好は……。移動で疲れたのか、両足で止まり木を摑んだまま、体を横にして、丸くなり、ぐっすりと眠っているコトバ。陽はまだ高い。静かに眠るコトバは、まるで子猫のようだった。

餌の食べ方

こうして、ぼくとコトバの生活が始まった。

一日目は、コトバを眺めていた。寝ている姿を眺め、起きたら話しかけ、写真を撮ったり、つついてみたり。そして、その日の夜、餌をやった。初めての餌やりだ。この日の餌は、『梟屋』さんで捌いてもらったものを持ち返って来ていた。

ぼくの手から上手に食べてくれるだろうか。

冷蔵庫から餌を取り出し、ケージを開けた。ピンセットで一つまみ、コトバの口に持っていく。

すぐに餌だとわかったようだ。

まあるい目をきらっとさせた。

小さなくちばしを開け、ぱくっと咥えた。

咥えて、首を後ろに反らせ一飲みに飲み込んだ。

コトバ、お前、噛《か》まないの？　いいのか？

試しにもう一口。

餌を顔の前に持っていく。

ぱくっと咥え、またも丸呑《の》み。なるほど……。そんな食べ方なんだな。もっと食べるか。よしよし。ピンセットで一つまみ。ぱくっ、ごくっ。もっと食べさせろ、とぼくを見上げるコトバ。どのくらい与えたらいいんだろう。そういえば、与える量は聞かなかった。肝心なことなのに『梟屋』さんに確認するのを忘れた。まあ仕方ない。コトバが食べるだけは食べさせてみよう。ピンセットで餌をつまみ、顔の前に持っていく。コトバが咥える。飲み込む。ぼくを見上げる。その繰り返しだ。かわいいじゃないか。

どのくらい食べさせたのだろう。餌を顔の前に持っていっても咥えない。目を細めて、体をプルプルと震わせている。おいおい、大丈夫か？　食べ過ぎてどうにかなったんじゃないだろうな。心配になる。小刻みに体を震わせているコトバ。と、

ブシュ！

と、くしゃみだかなんだかわからない音をさせて、ぼくを見上げた。なんだ、なんだ、なんだ。今のは何だ。きょとんとまあるい目をしてぼくを見ている。コトバ、コトバ、今のは何？　聞いても返事はない。大丈夫なのか？　食べすぎ？　どうにもわからない。人間のくしゃみに似ていた。店主に電話しようか。待て待て。もう少し様子を見てからでも遅くはない。いや、その躊躇《ちゅうちょ》が命取りになるかもしれない。そんなことを思いながら、コトバを見ていた。なんとなくだが、……大丈夫そうだ。大丈夫だよな。大丈夫。もう少し観察してみよう。顔を見る。目を見る。口元を見る。その立ち姿を見る。おかしなところはないような気がする。大丈夫だよな。すると、コトバが突然、飛び立った。飛び立って、正面にあるテレビに向かった。

やっぱりフクロウだ。なんてかっこいいんだ。その翼は飾りじゃない。そうやって大空を飛ぶための翼なんだ。お腹いっぱいご飯を食べて、ケージから飛び出たコトバは、翼を

打つ。ばさりばさりと全身の力の限り飛ぶ。けれども、
テレビの手前で力尽き、畳の上に着地した。
ちゃんと飛べるようになるまでは、もう少し時間がかかるんだろうな。
畳の上をコトバが歩いている。
すっとぼけた顔でとことことこ。
腹ごなしの運動なのか、歩き回るコトバ。
歩きながら、その目は上を目指している。
バサリ、翼一打ち。
テーブルの上に乗った。
今度は、テーブルの上をとことこ歩く。
その目はもっと上を見ている。
そうだ、コトバ。
上に飛ぶんだ。
もっと上に、もっと上に。
バサリ、テーブルを飛び立った。
やっぱり、テレビを目指している。

テレビの上に着地した。

すべってこけた……

こけるか？　まあいいや。ここはお前の家だ。好きにするがいい。テレビの上はどうだ。そこからの眺めはどうだ。座卓について、胡坐《あぐら》をかいて座るぼくを見下ろす高さだ。気持ちいいのか、コトバがテレビの上で横になる。鋭い爪を持つ足をお腹の毛の中にしまいこみ、小さく丸くなる。

猫か！

突っ込みの一つもいれたくなるような恰好《かっこう》だ。お腹一杯になって眠いのか、特徴のあるまあるい目がゆっくりと閉じていく。ぼんやりと眠りに落ちていく。仕事を始めたぼくの打つキーボードの音に時折薄目を開けたり、外の物音に小さく反応したりしながらも、猫のように丸くなって眠る赤ちゃんフクロウ。この部屋に緊張はしていないようだった。早く慣れてくれるといい。テレビの上で眠るコトバを眺めながら、コトバとの生活初日が過ぎていった。

今では、冷凍庫を開けると「餌だ！」と狙《ねら》いを定めている。「解凍してから！」そう声をかけても待ちきれないのか、ぼくの手に飛び乗ってくる。冷凍されている餌（ウズラやマウス）は、室内に置き、自然解凍する。小皿に凍った餌を載せて解凍させているとコトバがそこにやってくる。

「まだ融《と》けてないから、もうちょっと待ってなさい」

そう言っても聞きやしない。凍った餌に飛びついて、その鋭い爪で摑もうとしたり、くちばしで咥えようとする。硬くて歯が立たなくてもいつまでもいつまでもそうして凍った餌と格闘するコトバ。

解凍された餌を捌いてコトバにあたえる。毎日のことだ。コトバと話をしながらの餌やり。毎日の会話。ぼくの話を聞いているのかいないのか、毎日、コトバは餌に一生懸命。

ペリットを出す

「フクロウを飼ってるんですよ」と、その頃は、よく話題に上らせた。コトバとの生活が嬉《うれ》しくて嬉しくて、誰彼《だれかれ》構わずにフクロウの話をしていた。パソコンの壁紙は当然コトバ。スクリーン・セイバーもコトバ。携帯の待受け画面も、もちろんコトバだ。

たくさんの写真を撮った。楽しくて、コトバの写真ばかり撮っていた。そうか、子を持つ親ってのはこんな気持ちなのか。そう思ったこともある。なるほど、親バカだ。確かに親バカだ。新しいデジカメを買い込み、コトバの写真ばかり撮っていた。一つ一つのしぐさや表情がかわいくて可笑《おか》しくて、シャッターチャンスを逃すものかと、自宅にいるときには、カメラを手放さなかった。

今もそうだ。その情熱は醒めることなく、大量の写真が残されていく。パソコンがコトバの写真に圧迫されていく。三千枚を越え、五千枚を超えた。まずい。パソコンの容量が不安になってきた。仕方ない、とコトバの写真保存用にＨＤＤを増設した。携帯にもどんどん写真が増えていく。携帯のメモリもコトバの写真で一杯だ。

コトバがやって来た初日から、その動きの面白さや表情の多様さ、あまりに可笑しい行動を余すことなく写真に収めてきた。

コトバとの生活二日目。

目覚ましが鳴る前にコトバの鳴き声と派手な物音で目が覚めた。「にゃー、にゃー」とケージの中で鳴いている。今にして思えばお腹をすかせていたのだが、その頃はまだそれがわからない。赤ちゃんだからそんな鳴き声なのか、それとも、体のどこかに不調があるのか、どこか痛いのか、不満があるのか。フクロウらしくない「にゃー、にゃー」という鳴き声。それと共にガシャン、ガシャンと派手な音がする。何事かとケージをのぞく。すると、ケージ前面のステンレス製の金網にコトバが足で飛びついていた。両足で金網に飛びつき、体を返し、また背後の止まり木に戻る。そんなことを繰り返している。

どうした、どうした。

何があったんだ。

コトバは、ぼくを見ると、「にゃー、にゃー」と一際大きく鳴いた。

餌をやってみるか。初めての餌の準備だ。解凍してあったウズラを冷蔵庫から取り出し、キッチンへ。寝起きの作業には少々辛《つら》い気もしたがコトバのためだ。店主に教わった通りにまずはウズラの皮を剝く。びっしりと毛がついている皮だ。キッチンバサミで切れ込みを入れ、ウズラのおなか側の皮と肉の間に指を入れ、滑らせるように剝く。気持ちよく剝ける。足まで剝いて、背中側だ。すんなり剝けた。次は、お腹に鋏をいれて、左右に開く。これもなんてことない。問題は次だ。肉叩きで骨を砕く。今開いたウズラを眺める。これをこの鉄の塊で叩くのか……キッチンの周りが血だらけになるんじゃないか……大丈夫か？　どう考えても、どう見ても、大丈夫そうじゃない。それに、うちのキッチンはどこにでもあるステンレス製のものだ。いくらまな板を敷いているとは言っても、肉叩きで骨を叩き潰《つぶ》すにしては土台が心配な気もする。さて、どうするか。こんなことで店主に電話するのもどうか。さすがに憚《はばか》られる。

思案一刻閃《ひらめ》いた。ベランダだ！　ベランダでやってみよう。うちのベランダはそこそこ広い。造りは、コンクリートだ。土台としても充分。ベランダに塀などに使われるブロック（かつて、大型スピーカーの土台として使っていたものだ）を一つ持ち出し、その上にコトバ用のまな板を置いた。イケる気がする。まな板の上に開いたウズラをのせる。それを目掛けて、先の尖《とが》った突起がたくさんついた肉叩きを振り下ろす。

確かにウズラの骨は、砕けた。
コトバが食べやすいように、砕けた。
ただ、周囲にはウズラの血が飛び散った……
確かに骨は砕けたが、ベランダに、血が……
こんな姿を見られたら……
通報されないとも限らない。

いやいや、見られなくても、血の匂いを嗅ぎつけてカラスが集ってきたら……カラスだけならまだしも、ハゲタカだのハゲワシだのハイエナだのが……。妄想が止まらない。頭を振り、妄想を追いやる。たとえどんなことになってもコトバのためだ。と、肉叩きを振り下ろす。現在は、こんなことはやっていない。もっと効率的で周りも汚れず、室内でもできるやり方で捌いている[*8]。

骨を砕いたウズラをキッチンに持って入り、キッチンバサミで一口大にカットしていく。準備は完了。ケージを開け、「にゃー、にゃー」と鳴いているコトバのもとに持っていく。ピンセットで口元に運ぶ。ぱくっ、ごくっ。丸い目をしておいしそうに食べる。ぱくっ、ごくっ。餌をやりながら、コトバが一晩過ごしたケージの中を確認する。ふわふわの毛が落ちている。糞をした跡もある。このくらいの汚れなら、新聞紙の交換も数日に一度ですむだろう。すると、見慣れぬものが目に入った。直径一センチほど、長さが二センチほどの楕円球体。ラグビーボールの形に似ているが、ラグビーボールのように滑らかなものではない。手に取って見る。乾いている。よく見ると、小さな骨片や羽が見える。

ペリットだ。

これがペリットか。本で見たものと同じだ。

フクロウは、食べ物を丸呑みにする。人間のように嚙んで、消化を助けるようにはできていないようだ。何もかも丸呑み。丸呑みにして、胃の中で必要なものと必要でないものを選別している。体に必要なものは、消化し栄養とし、必要でない「骨」「毛」「羽」「くちばし」など消化できないものは、胃の中で丸めて、一日一回、まとめて口から出す。それがペリットだ。

　ケージの中に転がっていたペリットを手に取り、しげしげと眺める。なるほど、なかなか上手にまとめるもんだな。これは、ウズラの骨だな。これは毛の一部か。はっきりと分かるほど外形を残しているペリット。おなかの中でよくもこう上手《うま》くまとめられるものだ。フクロウという生態の不思議を見た気がした。胃の中はどんな構造になってるんだろう。ペリットがおなかの中にある状態では、お腹がすいても食べられないようだ。

　現在では、餌を見せると、餌を食べたくて無理矢理ペリットを出そうというそぶりを見せる。上を向き、大きく口を開き、喉をあけて、一生懸命にペリットを出そうとする。早く餌が食べたくて、一心不乱にペリットを吐こうとしている姿は、大きな口を開けて歌を歌っているようで、とてもかわいい。

仕事場をコトバが飛んでいる

　こうしてコトバとの生活が始まった。

　餌は『梟屋』さんに言われたようにしばらくは一日二回、朝と夜。

一日一回の体重測定。

ぼくが寝る間だけコトバをケージに戻す。

それ以外の時間は、部屋の中を自由にさせる。

一応そんなふうに決めた。不都合があれば改善していけばいい。自分が部屋にいる間は特に問題ない。コトバを眺めながら、話しかけながら仕事ができる。ただ、出かけるときが心配だった。ぼくが出かけている間に何か事故が起こらないだろうか。具合が悪くなって弱ったりしないだろうか、と。でも、日を追うごとにそんな心配も段々と薄れていった。ぼくが出かけている間、コトバは自由に遊んでいるようだ。

好きな場所にとまり、好きな場所で眠り、少しずつ飛ぶ練習をしていたのだろう。飛ぶことも上手になっていった。止まり木から止まり木へ。ケージから止まり木へ。止まり木からぼくの頭へ。飛べるようになったことが嬉しいのか、部屋中をばたばたと飛ぶようになっていった。この環境にも慣れていった。慣れていったら、イタズラが始まった。イタズラというのか、ただの遊びなのか……。

コトバは、ぼくの仕事部屋を気に入ってくれたようだ。遊び場として、住環境としてお気に召したようだ。コトバがそう言ったわけではないが、一緒に暮らしているとそんなことがなんとなくわかるものだ。

仕事部屋は、和室の六畳。九〇センチ四方の座卓がぼくの仕事机だ。コトバ専用の冷蔵庫の上にケージを置いている。ベッドがあり、小さな本棚がある。部屋の南側は、全面ガラスのサッシで陽当たり良好。窓際には、一鉢のパキラ。座卓の正面には、半間の押し入れ。それが、ぼくの仕事部屋で、コトバの家だ。半間の押し入れの上半分には、止まり木を三本取り付け、コトバに開放してある。コトバのお気に入りの場所だ。ぼくが座卓で仕事をしていると、コトバが静かに見下ろしている。


ある日のこと。

いつも帰宅してまず確認するのは、コトバだ。コトバの姿を確かめる。その日もそうだった。家に入り、リビングを通り、仕事部屋のドアを開けた。「コトバ、ただいま」と声をかける。いつもコトバがいる止まり木にはいない。

あれ？　なんだ？

違和感。

なんか部屋の様子が……。

畳の上にコトバがいた。ティッシュを咥えてぼくを見上げた。部屋中にティッシュが散乱していた。コトバが一箱ほぼ全部のティッシュを咥えて出していた。コトバと目が合う。コトバはティッシュを咥えて飛び上がった。飛び立つ時の風圧で散乱していたティッシュがふわふわ舞った。コトバ……、なぜ、ティッシュ？　声をかける。コトバは、得意げにティッシュを咥えて止まり木にいる。一仕事終えたような顔で。

また別のある日、帰宅して仕事に取り掛かろうとパソコンを立ち上げた。立ち上げて、原稿に手を入れようとキーボードに手を乗せた。

あれ？　何か……。

「L」がない。「L」のキーがなくなっている。直感。コトバの奴《やっ》だな。探してみる。ケージの中やいつもとまっている止まり木の下。コトバが気に入ってる観葉植物の周り。ない。もしや、飲み込んだんじゃないだろうな。不安になってくる。部屋のあちこちを探す。あった。ぼくの机の隅、ペン立ての横に「L」が転がっていた。

また別のある日、室内に干していた靴下が片っぽなくなった。間違いなく犯人はコトバだ。なくなった靴下を探す。お気に入りの靴下というわけでもないが、なければやっぱり気になる。コトバが靴下をどうしたのか、どこに隠したのか、それを知っていれば、今後の対応もできるだろう。靴下を探す。ケージの中、押し入れの中、ベッドの下、机の下。あった。靴下は、ケージの上の天井に近いところにあった。発見した靴下は見るも無残に穴だらけだった。

また別のある日、観葉植物パキラの新芽がなくなっていた。犯人はコトバしかいない。二十年以上も一緒に過ごしてきたパキラ。購入した当初は、高さ二〇センチほどの小さなパキラだった。水やりに気をつけ、肥料をやり、毎年のように土を替え、鉢を替え、二十数年たった今は、幹も太く立派になり、高さはぼくの背丈ほどになっていた。その新芽がなくなっていた。コトバが嚙み切ったに違いない。足元に小さな緑が、ぽつぽつ転がっていた。このパキラは、今コトバのお気に入りの場所になっている。コトバがとまっても不安のない立派な枝ぶり。コトバは、パキラの枝にとまり、偉そうな顔。

そんなことを一つ一つ怒っても仕方ない。
出かけるときにはティッシュの箱は裏返しにしていく。キーボードにはカバーをする。洗濯物は干していかない。観葉植物は、……これはもう仕方ない。コトバが食べて栄養にしているのかもしれないし。まあいいか、と思うしかない。環境に慣れてきて、自由に遊んでいるコトバを見ているのが好きだ。威張った顔で、何をしても我関《われ》せずと悠々泰然《ゆうゆうたいぜん》。
この部屋がコトバの城になっていく。コトバの宇宙になっていく。コトバが主人でぼくは家来だ。コトバは間違いなくそう思っている。高い場所が好きなコトバ。ぼくよりも高い場所にいようとする。コトバの好きな場所がいくつもあるけれど、それはどこもぼくの目線よりは、上だ。

フクロウがいる生活。
机に着き、書きかけの脚本に取り掛かる。
原稿用紙を広げ、万年筆にインクを満たす。
パソコンを立ち上げ、資料を手元に揃える。
原稿用紙にインクを落とす。
目の前には、フクロウ。
じっとぼくを見ている。
お気に入りの止まり木から、ぼくを見下ろしている。
目を合わせる。
ぼくに何かを語りかけようとしているかのような目。

脚本の続きを指し示そうとするかのような目。
芸術の本質を喝破《かっぱ》したかのような目。
言葉の真理をぼくに伝えようとするかのような目。
宇宙の真実を知っているかのような目。
そんな目で、ぼくを見下ろす。
フクロウがいる生活。

そんな生活をみんなに知ってもらおうと、そして撮り溜《た》めているたくさんの写真を見てもらい、フクロウの素晴らしさを伝えたいと、ホームページを立ち上げた。[*9] もちろん、本旨は自分の仕事に関係するホームページだが、その中に「梟」という専用のページを設けた。写真と雑文を主とした構成だ。コトバの写真と簡単な記事をアップしてきた。

『昨日は、布団に入っても本を読み続け、結局、2冊を読みきった。
小さなナイトスタンドで読書をしていると、ケージの中でコトバが暴れる。
ケージから出せ！　と、金網に飛びつき、大暴れをする。
あんまりうるさいので出してやると、やはり夜行性か（或いは単に遊びたいだけか）

部屋の中を飛び回ること甚だしい。
あっちの止まり木からこっちの止まり木へ、止まり木からパキラの上に、
読んでいる本に着地したと思ったら、カーテンレールの上に、
静かになったかと思うと部屋の片隅でぼくの靴下を穴だらけにしている、
靴下を取り戻すと、寝ているぼくの足の指をつつく、
足をひっこめると、布団の上に飛び乗り、そこで毛づくろいをする、
楽しそうに楽しそうに、飛び回り、遊びまわり』

『コトバという名のふくろう。正確にはミミズク。ピンと立った耳に似た羽。
まあるい目にふわふわの翼。
男の子。
威張っているかと思えば、おなかをすかせて甘えてくる。
仕事の合間に寝っ転がって本を読んでいると、胸の上に着地してくる。
その顔にふーっと息を吹きかけると、顔をそむけてあっちにちょこちょこ、
こっちにちょこちょこ。
たたたたと走ったかと思うと新聞紙をくちばしで引きちぎり、

ティッシュで遊んでいたかと思うと、止まり木の上で目を閉じて眠っている。
生まれたときから人間によって育てられ、人間の手から餌をもらい、
自分のことを人間だと思っている。
いつも威張って、いつも甘えて、コトバという名の梟。
ぼんやり見てると、いつの間にか笑顔になる』

『一日のほとんどをぼんやりしているコトバ。
何を考えているのか、止まり木に止まり、
目を閉じているかと思うと、何かを威嚇し、
パソコンの上にやってきて、
机の上を歩き回り、
膝の上でぼくを見上げ、
扇風機の上で威張ってる。
あまりにおなかをすかせると、ここに飛んできて餌をねだる。
「にゃーにゃー」と寄ってきて餌を催促する。
それを日がな一日ぼんやり眺めて、顔が緩む自分がいる』

『脚本のことしか、考えていない。
頭の中にある無数のイメージを一文字ずつ言葉に置換していく。
全てを書ききることが出来ずに、暴れたくなる。
舞台の全てを書ききるというそこは、演出という領域なのかもしれない。
しかし、全てを書きたいという渇望は、抑えきれずに、
原稿用紙に万年筆を突き立てる。
真っ白なコクヨの原稿用紙にインクが滲む。
滲んでいく青は、思考を止めることなく、目の前には、コトバという名の梟。
音楽は、「時には母のない子のように」。
と、コトバ、止まり木から足を踏み外した。
えっ？　フクロウが足を踏み外したりとか、あり？
そんな姿を見れば、どんなに集中して書いていても笑ってしまう。
意に反して、和んでしまう。
コトバは、足を踏み外したのがショックなのか、しょんぼりしている』

コトバとの生活を写真とともに掲載してきた。ホームページにアップしたコトバの写真は何百枚にもなるだろう。ホームページを見て、フクロウを飼いたいと連絡をしてこられた方もいる。かわいいですね、とメールを頂いたりもした。フクロウの素晴らしさが少しでも伝われればと思い、今も写真と雑文をアップしている。

コトバと暮らし始めて、数日が過ぎ、数か月が過ぎ、この仕事場にコトバがいることが当たり前になってきた。餌の準備、糞の始末、匂いや鳴き声、フクロウの生態に即した生活、いろいろなことが少しずつ変化しながら、何もかもが「当たり前」になってきた。

朝起きるとコトバがお腹をすかせて鳴いている。

おはよう。

「ウズラ」や「マウス」を捌き、コトバに与える。

コトバが飛び回る部屋の中で脚本を書く。

コトバが止まり木でぼんやりと眠っている中で原稿に手を入れる。

コトバが邪魔するなかで本を読む。

止まり木の上からコトバに見下ろされながら食事をする。

夜になるとまたコトバはお腹をすかせる。

餌場にとまって餌をねだる。

寝る前は一口だけだ。
一切れだけ口に運び、そのままケージに入れる。
ぼくも横になる。
電気を落とす。
おやすみ。目を閉じる。
暗闇の中で「ほーほー」と小さく声がする。
コトバが真っ暗闇で鳴いている。
奥深い山の中。
幽玄。
ぼくはそのまま眠りに落ちる。
「ほーほー」と静かに夜を作るコトバ。
「ほーほー」と静かに夜を語るコトバ。

その日、ぼくは体調を崩していた。発熱し、体力を消耗していた。ベッドに横になり、だらだらと本を読んだり、うとうとと寝たり起きたりしながら日を送っていた。ベッドの頭の上方には止まり木がある。そこは、押し入れの止まり木とともに、コトバのお気に入りの場所だ。枕に重苦しい頭を沈ませて、そのまま上を見上げると、コトバがいる。コトバは、じっとぼくを見下ろしている。

目が合う。

「やあ、コトバさん、元気かい？　ぼくはちょっとダウンだ」声をかける。

コトバは、動かずにぼくを見続けている。ぼくが見上げる角度なのか、コトバが見下ろす角度なのか、コトバの目に感情が覗く。

心配してくれてるのか。

「コトバ、その顔はなんだ。いつもの元気はどうした」

コトバは動かない。ぼくに目を合わせ、逸《そら》せようとしない。

「ぼくは大丈夫だ。少し休めばすぐに良くなる。そしたらまた一緒に遊ぼう」

コトバは動かずにぼくに目を合わせたままだ。

まあるい目がじっとぼくを捉え、いつまでもいつまでもぼくを捉え、ぼくとコトバはいつまでもいつまでも目を合わせたまま。そして、ぼくはいつか眠っていた。ひどい寝汗に目を開けると、コトバが目に入った。ぼくが眠りに落ちる前と同じ場所で、同じ格好で、同じ顔で、ぼくを見ていた。

コトバと目が合う。

「ずっとそこにいたのか」

コトバは、答えない。答えずにいつまでもいつまでも、ぼくを見ていた。

コトバとの生活が積み重なる

フクロウがいることが当たり前の生活。

長時間の外出はなるべく予定しないようになった。オフの日でも自宅で過ごすことが多くなった。やむを得ず家を空けるときは、それなりの手当てをしていく。いつもそこにコトバがいる。当たり前の毎日。

そういえば、コトバに対して「ペット」という言い方はしない。犬でも猫でも小鳥でも、「ペット」を飼う方はみんなそうなんだろう。その命は誰のものだろうか。野生を離れ、離され、商業というルートにのり、人間の手によってその生活の世話をされる存在。そんな命。「ペット」と呼ばれるが、きっと誰も、その言い方に軽い反発を覚えるだろう。そんな気がする。

コトバはコトバ。強いて言えば、家族。そして、友人。男同士の強いきずなでつながれた友人だ。コトバがそれを感じているかどうかは別として、そんなコトバとの生活。ホームページにはコトバのことばかり書いているし、名刺には、コトバをデフォルメしたデザインを使っている。名刺交換をすると、相手の方は手元の名刺を見ながら、

「これは、フクロウですか？」と、会話が始まる。

「そうですよ」

「フクロウが好きなんですか？」

「フクロウを飼っているんです」

すると、相手は、驚き、言葉がつながる。餌の事、鳴き声の事、夜行性という生態や表情の事など会話がはずむ。

「フクロウとの生活はいいですよ」

本当にそう感じている。家族として暮らす生活。普通の鳥を飼うよりは手がかかるかもしれないけれども、犬や猫を飼うよりは、楽な気がする。まず、散歩に連れて行くことは、ない。フクロウを飼い始めるまでは、フクロウとの散歩を夢見た。フクロウを肩にのせ、公園を歩く自分を想像していた。『梟屋』さんでそのことを聞いた。答えは、否、だった。外に連れ出すことは、刷り込みで人間の手で育てられたフクロウにとって大きなストレスになるという。それに、思わぬ事故に遇《あ》わないとも限らないし、そのまま逃げていくとい

うこともありえる。

なるほど、と思った。これまでにコトバを外に連れ出したことはない。唯一の例外は、爪やくちばしの手入れに『梟屋』さんに行くときだけだ。その時もなるべく車を出すようにし、それが叶《かな》わないなら、きちんと専用の搬送かごにいれ、カバーをしっかりとかけて行く。なるべくストレスがないように、と。だから、友人や知人に「コトバに会いたい。コトバを見たい」と言われても、なかなか叶えることができない。ホームページにあげている写真で勘弁してもらっている。

今日もまた真夜中がやってきた。

原稿用紙を前にぼくは、この真夜中に向かって問いかける。

(ぼくの書く脚本は、生きているだろうか。ぼくの言葉には命はあるだろうか。ぼくの創る作品は、世界を撃つだろうか)

ずっとそれを問い続けてきた。

一人、仕事机につき、夜に問いかける。上京し、演劇という芸術に生活を賭けてきた。もちろんすぐ収入につながったわけではない。ずっとアルバイトをしてきた。作品を創るため、言葉との格闘の場に居続けるために。どんなアルバイトも長続きしたことはなかった。一つの舞台に取り組めば、一つのアルバイトを失い、一つの舞台を終えたら、次の仕事を探し、また舞台にとりかかる。二十種類以上の仕事をしてきた。そんな生活で世間一般で言うまともな暮らしを営めるはずがない。この身一つを喰《く》わせるのがやっとの生活。同世代の平均年収や貯蓄額をニュースで見ると信じられない思いをし、同世代の友人の暮らしぶりを見ると、自分とのあまりの差に笑ってしまう。

安定した仕事を持ち、結婚し、子供を育て、……そんな経済的安定や社会的安定とは無縁の半生。これからもそうだろう。ぼくは、その安定よりも、言葉と闘い続けるこの荒野を選んだ。理想高く、偉そうに選んだわけではない。いつのまにか、ぼくは、ここにいた。まともじゃない、そう言われるが、闘いの荒野は、まともじゃ生きていけないんだ。真夜中、ぼくは一人、問いかける。今日も、いつもと同じこの場所に座り込み、問いかける。(ぼくの書く脚本は、生きているだろうか。ぼくの言葉には命はあるだろうか。ぼくの創る作品は、世界を撃つだろうか)

ただ、これまでの夜と一つ違うことがある。

そこにコトバがいる。

表情豊かなコトバの顔。

おどけた仕草。

間抜けな行動。

豊かな生活。

コトバがいる。

仕事の手を休め、コトバと話す。

コトバとの毎日

コトバと遊ぶ。遊ぶと言っても、犬や猫のような、なつき方はしない。べたべたとしたスキンシップは望めない。だから、コトバとの遊びは、なんとも微妙で独特だ。大体、コトバが遊びたがっているのかどうか、なんとも判断がつかない。仕事をしていて、突然机の上にやってきたりすると、なんだか嬉しく、

「コトバ、遊びにきたのか？　一緒に遊ぼうか」

と声をかけ、コトバに手を伸ばしたりするが、どうやらコトバにとっては、ただの散歩の途中のようだったり。止まり木で興味深そうに周りを窺《うかが》っている姿を見ると、

「どうしたコトバ、何か気になることがあるのか」

と立ってコトバのもとにいく。するとコトバは、知らん顔。やっぱりフクロウの生態は独特だ。言い伝えや伝説で言われることがわかる。独立独歩。他者を受け入れない姿勢。孤独を愛するその視線。フクロウの行動や仕草は、なんとなく猫に似ているのかな、と思ったりもする。

特に、「アフリカオオコノハズク」という種類は、気が強く、攻撃的で人にはあまりなつかない種類と言われる。『梟屋』さんに最初に見学に行った時、そんな話をしたことを覚えている。

「なつかないと言っても、やっぱりなつきますよ」

と、なんとも微妙な言い回しをされた。(なつかないのになつく?)その時には、まあいいや、というくらいにしか考えなかった。

「人間にとてもなつく種類もいますよ」

『梟屋』さんは、何種類かの他のフクロウを紹介してくれた。けれども、その時ぼくは、アフリカオオコノハズクに一目惚れしていた。そのかわいらしい仕草、くるくるのまあるい目、オレンジと黒に輝く目、鋭いくちばし、顔の周りの縁取りにもなんとも言えない愛嬌がある。とにかく、アフリカオオコノハズクの何もかもに惹かれた。だから、人間になつきますよ、と他の種類のフクロウを見せられても、あまり興味はひかれなかった。

べたべたと遊ぶためのフクロウじゃないんだ。

ぼくのフクロウは、思想そのものなんだ。

名前はコトバ。

生活を共にするのはお互いの独歩を知るためだ。

ぼくのフクロウは、空よりも高く飛ぶことができる思想そのものなんだ。

と、飼う前から思っていた。そして、今も変わらずそう感じている。そして、「なつかないのになつく」という感じも、一緒に暮らす今ではとてもよくわかる。スキンシップがあるわけではない、抱きかかえ撫《な》でるということもない、部屋にいる間中寄り添っているわけではない、が、コトバはとてもよくなついている。なんとも言えない距離感。そのなつき方は、ぼくにしかわからないだろう。


コトバと目が合えば、わかる。

コトバの鳴き声でわかる。

その飛び方でわかる。

今では、とてもよくわかるが、それがわかるまでは、本当にいろいろなことがあった。

躾《しつ》けと健康管理

コトバを見ているとどんな気分なのか、何をしたいのか、どうしたいのか、お腹がすいているのか、そんなことを感じ取ることができる。できるけれども、人間の言葉で会話ができるわけではない。それは、犬や猫もきっと同じだろう。もしかしたら、人間の赤ちゃんもそうかもしれない。だからと言って、コミュニケーションが取れないわけではない。目を合わせれば、感じる。姿を見れば感じられる。ぼくは、いつもコトバに話しかける。

おはよう、コトバ。
どうした？　何を考えてる？
腹が減ったのか？
なんだなんだ、機嫌が悪いのか？
ゆっくりお休み。

それらの言葉をコトバが理解しているのかどうかはわからない。わからないけれども、きっと感じてはくれている。ぼくの声に、コトバはコトバの全身で語りかけてくる。一緒に暮らすコトバ。飼う前から、何よりも「仲良く」暮らしたいと思ってきた。

仲良く暮らすためには、それなりの規律や道徳、決め事が必要だ。コトバとの生活にもそれが必要だと思っていた。褒めるところは褒めて、叱《しか》るべき時は、きちんと叱ろう。飼う前は確かにそう思っていた。それが正しいやり方だと信じていた。『梟屋』さんにコトバを引き取りに行った日、店主に聞いた。

「フクロウの躾けは、どうすればいいんですか？」

「躾け？　フクロウは躾けられませんよ」店主が笑って言った。

「躾けられないって、例えば、糞の場所とかは？」

「ここでしなさい、って教えてもだめですよ」店主は笑っている。

「じゃあ、どうしたら？」

「最初のうちは、どこでも糞をするでしょうが、そのうち、決まった場所でするようになりますから、それに合わせて対応してください」

確かにそうだった。飼い始めた当初、コトバは部屋中のあちこちで糞をした。止まり木の下には、糞を受けるための新聞紙を敷いていたから、止まり木にとまってしてくれればいいのだが、最初の頃は止まり木以外の場所での方が多かった。いつしたのか、どうやってしたのか、気が付けば、そこらじゅうに糞が落ちていた。

フクロウの糞は、尿の混ざった水分様のもので、乾けば白く固まる。テレビの裏、本棚の前、積んである本の上、机の上、キーボードの上、枕、スピーカー、クッション、灰皿……。ほんとうにあちこちに糞があった。糞の跡を見つけるたびにウェットティッシュで拭き取る。完全に乾いた糞は、ウェットティッシュでもなかなか取りきれない。だからといってそのことを怒っても、コトバは知らん顔。わかっているのかいないのか。飼ってみて、店主の「糞の躾けは無理！」ということを身をもって知った。糞の跡を見つけるたびに、対応を重ねていくしかなかった。

（なるほど、ここにとまって糞をしたのか）ならば、ここにはとまれないようにしよう、と、そんな隙間を新聞紙を丸めて埋めた。

（クッションの上でもするんだな）よし、それはもう諦めよう。糞をしたら、その都度洗濯！　枕も同じ。糞をされたら丸洗い！

（机の上か……）ここは諦めきれない。何といっても仕事の場所だ。使っていない時には、キーボードにはカバーをする。パソコンにも必ずカバーをする。飲み残しのカップは置かない。

糞対応を重ねていった。今では、ほぼ決まった場所でするようになっている。それは、躾けたからではなく、ただ、コトバの生態に生活を合わせたにすぎない。それで特に不自由はないし、不満もない。

言うことをきかない、とイライラすることも、怒ることもない。そんな思いは、これまでに一度もなかった。今でも飼い始めた当時の糞の痕跡が部屋中に残っている。丁寧に拭き取ったつもりでも、少し白っぽい跡が残る。でも、それはそれ。ぼくとコトバの生活が積み重なった証だ。

新聞紙に受けた糞は、適当な時期に取り替える。『梟屋』さんでは、燃えるごみの日に取り替えているとのことだったが、ぼくは、大体一週間に一度の割合だ。取り替える場所は、四か所。コトバの部屋であるケージの中、半間の押し入れのコトバの遊び場、ぶらぶら揺れる止まり木の下、そして、メインの三メートルの止まり木の下。新聞紙を取り替えるのも苦ではない。新聞紙を取り替えると、コトバがなんだか喜んでいるように見える。新聞紙を取り替えるのはもちろんぼくの仕事だ。コトバが自分でするわけもない。

今日も新聞紙を取り替える。

コトバがその様子を興味深そうに見ている。

ほら、きれいな部屋になった。

当たり前だ、と言わんばかりのコトバの顔。

とはいえ、演劇の公演や原稿の締め切りなんかでそんなわずかな時間が取れないこともある。気にはなっても、どうしても数分の時間が取れない時もある。コトバの声が聞こえる。(新聞紙を取り替えろ。きれいにしてくれ)と。


わかってる、わかってる。

ちょっと仮眠したら取り替えるから。

この原稿を書いたらすぐにやるから。

そんな言い訳をしながら、なかなかできない。

そんな時、コトバは意趣返しか、新聞紙を敷いていないところに盛大に糞をする。


糞と言えば、匂いの事。

飼い始める前に匂いに関しても、店主に話を聞いた。

「匂いはありますか」と。店主は、その時、はっきりと「ある」とも「ない」とも言わなかった。「それほど気になることはないと思いますが……」みたいな感じのニュアンス。

それを聞いて、ぼくとしてもなんとも判断できずにいた。実際飼ってみると、確かに匂いは、「ある」と言えばあるし、「ない」と言えば、そうとも言える。気になるほどのこともない。匂いの元になる糞も、糞をしたすぐの水分状態の時には少しするけれども、乾いてしまえば、匂いはない。それに、定期的に換気をする。ぼく自身、匂いに悩まされたことはない。

コトバの体に鼻を近づけ嗅いでみても、コトバ自身にも匂いはない。不思議なもんだな、と思う。水浴びをするわけでもないし、雨に打たれるわけでもない。何年も風呂にも入らず、遊び回っていると、人間ならとんでもないことになっている。フクロウって、そうなんだ、と思うしかない。

もう一つ、不思議だな、と思うこと。それは、水を飲まないということだ。水は、万物の元だろ。どんな生物にも水だけは必要だろ。植物だってそうだ。それなのに、コトバは水を飲まない。アフリカオオコノハズクの中にも、水を近づけると飲む個体もいるらしい。が、コトバは、飲まない。そのことも店主に聞いた。

「大丈夫ですよ。水分は、餌から十分に摂《と》っていますから」

なるほど！　と、素直には理解しがたい。水は、やっぱり必要だろう、と思ってしまう。今でもコトバに水を与えているわけではないが、どうにも腑《ふ》に落ちない。ある時、コップに水を入れ、コトバに近づけてみたことがある。

コトバ、水だぞ。

飲んでみるか。

水は万物の元だぞ。

飲むか。

コトバは、コップに顔を近づけ、不思議そうな顔でぼくを見上げた。そして、パタパタと飛んで行った。


もう一つ、店主との会話。

「呼べば飛んでくるようになりますよ」

あれだ！

フクロウショーやテレビなどで見るやつだ！

ぼくの腕から飛び立って、呼んだらまたぼくの腕に戻ってくる。

いいじゃないか！

それがいい！

そうなりたい！

でも、どうしたらいいんだ？

『梟屋』さんは、プロだ。そのためのノウハウはたくさんもっているはずだ。どうすればそうなるのか、どんな訓練をすればいいのか、どんな方法がいいのか、聞けばきっと教えてくれるだろう。そう思ったが、コトバは、ぼくとコトバの方法でそうしたいと思った。

最初から、うまくいくはずはない。気長にやろうと思った。方法としては、やっぱり餌を見せて呼ぶのがいいだろう。というか、それしか方法を思いつかない。少しずつやっていこう。毎晩、ケージに戻すときに、一切れの餌を見せて、ケージまで飛んでこさせることから始めた。それは、意外にすぐにうまくいった。

真夜中、ぼくがベッドに入る前に餌を一切れピンセットでつまんで見せると、どこにいてもケージまで飛んでくる。手乗りコトバまであと一息だ。腕を前にだし、そこで餌を見せる。すると、コトバは何かを警戒するのか、いつものようには飛んでこない。いいさ。気長にやろう。

現在は、確実に腕に飛んでくる、とは言い切れない。機嫌がいい時やとてもお腹《なか》をすかせている時は、腕に飛んでくるが、それ以外の時は、無視される。

そんなコトバの写真をホームページにアップしている。アップした写真の数は五百枚近くになるだろう。店主もぼくのホームページを見てくれていて、飼い始めて数か月経《た》った頃、電話がかかってきた。

「高木さん、ホームページの写真を見ましたけど、コトバちゃんの爪とくちばしが伸びてるので、連れてきてください」

コトバの爪切り

フクロウの爪は鋭い。

コトバは小さくてかわいらしいと言ってもやっぱり猛禽類だ。ワシやタカと同じような鋭い爪を持っている。くちばしもそうだ。自然下では生きた爬虫類や昆虫を鋭い爪で捕え、くちばしでがっちりと咥えるのだ。飼い始めた当初は、毎日の生活の方に目が行き、爪やくちばしの事にはあまり注意が向かなかった。店主からの電話であらためてコトバの爪とくちばしを見てみた。

なるほど。伸びている。人間と同じようにフクロウもやっぱり伸びるんだな。そういえば、コトバが腕にとまったときなんか、思いっきりつかまれると痛くて仕方なかった。あれは、爪が伸びて鋭くなっていたからか、と納得した。くちばしも伸びてきたのか。よく見てみると、上のくちばしが伸びてきて、下のくちばしを巻き込むようになってきていた。

『梟屋』さんに連れて行こう！

爪切りだ！

くちばしの手入れだ！

友人に車を出してもらった。自宅まで迎えに来てもらい、コトバの入った搬送かごと共に乗り込んだ。友人は、初めて見るフクロウに目を奪われたようだった。

「これが、コトバか！　ちっちゃいな。写真で見ていたら、もう少し大きいのかと思った」

友人はそう言った。車の揺れをなるべく軽減しようと、搬送かごを膝にのせて、小一時間。『梟屋』さんに着いた。すると店主は、待ちかねたように搬送かごを覗き込み、

「コトバちゃん、久しぶりですねー。元気でしたかー。大きくなりましたねー」

と声をかける。コトバは、何が起こっているのかわからずに、きょろきょろと辺りを見回すばかり。

「さあ、コトバちゃん、爪を切りましょうね」

爪切りの始まりだ。

店主が片手にタオルを構える。

コトバに声をかけながら、搬送かごのふたを開ける。

店主が両手をかごに入れる。

次の瞬間、コトバはタオルにくるまれている。

数か月に一度の割合で爪切りに行くのだが、フクロウをタオルでくるむその手つきは何度見ても職人芸だ。あっという間にタオルにくるまれるコトバは抗議の声をあげる。

「きゃきゃきゃきゃきゃ」

「うぎゃー、うぎゃー」と、タオルの中で身をよじり暴れるコトバに向かって店主は、笑いながら、

「爪を切りますよ。ちょっと我慢してくださいねー」と、声をかける。そして、

「足はどこですかー」と、タオルの中からコトバの片足を出す。

いよいよだ。

ニッパー型の爪切りでパチンパチンと切っていく。

フクロウの爪には血管が通っている。あまり短く切りすぎるとその血管まで切ってしまい、血が出てくるらしい。どのくらい切るのか、その加減が難しそうだ。定期的に切らずに爪が伸びすぎると、それにつれて中の血管も爪の先の方まで伸びてしまう。そうなると、一回の爪切りでは、切りきれなくなるとのこと。

「これからも定期的に連れてきてくださいね」

店主は言った。パチンパチンと切り終えたら、次は爪の先を滑らかにする。道具は、電動グラインダ。先端の小さなチップが回転し、爪を滑らかにやすっていく。手際よく小さな爪に高速回転するやすりを当てていく手つきにほれぼれする。電動グラインダ独特の音にコトバが怯えた声をあげる。が、店主はお構いなしに作業を進める。

「高木さんも自分でできますから、一度やってみたらいいですよ」と店主は言うが、とても自分ではできそうもない。

片足が終わり、もう片足だ。同じようにタオルから足を出され、爪を切られ、整えられる。そして次は、くちばしだ。

「コトバちゃん、お顔を見せてくだだい」

店主は、タオルの中から、コトバの顔だけを出した。何が起きているのかわからないコトバは、なんとも言えない情けない顔をしている。驚き、恐怖、怒り、しょんぼり、どぎまぎ、そんな感情のどれとも言えない顔。その顔がなんともかわいい。店主は、それを見ながら、

「コトバちゃんは、かわいいですねー」と相変わらず笑っている。笑いながらも、手はてきぱきと動く。爪を切る時と同じニッパー型の爪切りで、くちばしの状態を確認しながら、カットしていく。コトバは、泣きそうな顔だ。カットが終わると、爪と同じように電動グ

ラインダで整えられる。コトバはなすがまま。

「終わりましたよー。コトバちゃんはいい子ですねー」

と、店主はにこにこだ。そして、コトバをタオルから出して、体のあちこちを触っていく。両足の裏、足の付け根、胸の筋肉、お腹の状態、目の周りなど、手と目で確認し、コトバの健康状態をチェックする。

「大丈夫ですね」と店主は言った。

その一言が、なによりも嬉しい。ほっと一安心。

飼い始めた当初はとにかくわからないことだらけだった。餌一つとっても、お腹いっぱいになったのか、食べ過ぎてはいないか、栄養は足りているか、といろいろなことが気になった。飛び方や顔つきの一つ一つが心配になったりもした。

マニュアルもない、飼育書もない、インターネットの情報がコトバに当てはまることは少なかった。フクロウとの生活や健康に関する一般的な情報は、ほとんどと言っていいほど、なかった。

それはそうだろう。フクロウを「ペット」として飼育するようになったのは、最近のことだ。今でも、とても「一般的」ではない。困ったことや心配なことがあったら、すぐに『梟屋』さんに電話をする。店主が苦労し、試行錯誤の経験から培ったノウハウが大きなよりどころとなる。店主の一言は、その経験に裏打ちされた信頼がある。店主の経験こそが一番の飼育書だ。店主のノウハウこそがマニュアルだ。

店主がコトバを見る目や相対する時の表情が、いつもぼくを安心させてくれた。くるくると良く動く店主の目は、やっぱりどこかフクロウに似ている。いたずらっぽいその目が、いつもぼくを安心させてくれた。

カルシウム不足

何度目かのメンテナンスの時のこと。いつもと同じように爪を切り、くちばしをパチン、と一回切った時、店主が言った。

「あれ？　高木さん、コトバちゃん、カルシウム不足ですよ」

コトバが食べているのは、ウズラとマウスだ。時々「ハニーワーム」という栄養の詰まった生き餌《え》を与えているが、それはほんの少量だ。水も飲まない。定期的にサプリメントで「消化酵素」や「カルシウム」を与えている。

「カルシウム不足？」店主におうむ返し。

「そうですね。見てください」

店主は、コトバのくちばしをまたパチンとカットした。

ぼろり、と崩れるようにくちばしが切り落とされた。切り落とされた、というより、ニッパー型爪切りの刃が食い込んだことにより、崩れた、という感じだろうか。

「カルシウムが不足してくると、くちばしがこんなふうに崩れるように切れるんですよ」

大変じゃないか！　事件だ！　カルシウム！　どうしたらいいんだ！　サプリメントのカルシウムは、定期的に定量与えているのに！

「なるべく日光に当てるようにしてください。カーテンを開けて、室内になるべく日の光が入るようにするだけで違いますから」

「わかりました！」

帰宅して、すぐにカーテン全開。レースのカーテンも全開。そういえば、このレースのカーテンは、ひいていることが多かった。八階だから、外から覗かれる心配はないと言ってもいいのだが、やっぱり「丸見え」という状態は心配だったのだ。でも今はそんなことは言ってはいられない。コトバのカルシウムだ！

その日から、南向きのこの部屋には、何にも遮《さえぎ》られない日光がさんさんと降り注ぐようになった。

何かあれば『梟屋』さんがいるから大丈夫だ。

他の飼い主さんもみんなそう感じているはずだ。

店主のフクロウに対する言葉や仕草は、愛情たっぷり。

店主の豊かさは、いろいろな経験から培われたのだろう。

不意に店主の一言がよみがえる。


「私は、何羽も殺しましたよ」


大好きで飼育を始めたフクロウ。

そのフクロウを死なせてしまう。そこには、いろいろな理由があったのだろう。

フクロウは、その種類が違えば生態も違う。最適な気温も違うし、湿度も違う。寒さに強い種類もいれば弱い種類もいる。食べる餌も量も違うし、日々の生態も違う。同じ種類であっても個体によってその健康状態や性格も様々だ。毎日水浴びをしたがる種類もいれば、砂浴びをするという種類もいる。

飼育書もマニュアルもない中でそんなフクロウ達を健康に育てていくのは並大抵のこと

ではなかっただろう。最善を尽くしても駄目だったこともあっただろう。理由もわからずにその命を失ったこともあっただろう。

大好きなフクロウを目の前で死なせてしまう。

その気持ちを想像するだけで辛くなる。

コトバを失うことを考えるだけで恐怖にとらわれる。

いつか、
いつか、コトバも死んでしまう。それはわかっている。でもそれまでは、お互いの生を一生懸命に仲良く暮らしたいと思う。


「私は、何羽も殺しましたよ」

あの日の店主の言葉がよみがえる。いつもニコニコと笑顔の絶えない店主、元気いっぱいの店主、フクロウが大好きな店主。コトバのくちばしをメンテナンスする店主を見ながら、彼女とフクロウとの出会いを思った。

『梟屋』店主

ペットとしての「フクロウ」は、まだまだ一般的ではない。犬や猫、小鳥や熱帯魚どころか、爬虫類よりも珍しいだろう。ヘビやモモンガの方が、ペットとしての数は多いだろう。その証拠に、それらには、人工餌が開発され、販売されているが、フクロウ専用の人工餌は、まだ流通していない。けれども、フクロウを実際に飼い、一緒に暮らしてみると、こんなに相応《ふさわ》しい動物もいないんじゃないかと思う。

下世話な話だが、金額の面からフクロウ飼育をみてみる。

飼い始める時は、やっぱりまとまった金額が必要となる。フクロウの金額、専用のケージ、搬送用のかご、他にこまごまとした出費がある。フクロウ自体の金額によって変わってくるが、全部で三十五万円くらいからだろうか。でも、飼い始めてからは、餌代だけだ。餌は、先述したように冷凍のウズラやマウス。フクロウの大きさにもよるが、大体一日百円くらいだろう。それだけだ。それに、鳴き声や匂いも気になるほどのことはないし、毎日散歩に連れて行くこともない。猫のように部屋をあちこち引っ掻《か》き回すこともないし、熱帯魚のように定期的な水替えをすることもない。ペットとしては、とても飼いやすい動物だと思う。

でも、やはり一般的ではない。現在でもそうだが、『梟屋』さんの店主が、フクロウと出会った頃は、もっと情報も少なく大変だっただろうと思う。そう思い、店主に話を聞いてみた。

フクロウとの出会い

高木「いつフクロウと出会ったんですか？」
店主「何年前だったかなあ。多分、十五年以上前だと思います」
高木「どこで、どうやって出会ったんですか？」
店主「私も高木さんや、他のみなさんと同じですよ。大きな総合ペットショップに一羽のフクロウがいて、それがかわいくてかわいくて、飼いたくなったんです。（フクロウって飼えるんだ）って、初めて知って、自分で飼おうと思ったんです」
高木「そのペットショップで見たのは、どんなフクロウでしたか？」
店主「アフリカヒナフクロウという種類の小型のフクロウでした」
高木「フクロウを飼いたいって思って、それからすぐに飼ったのですか？」
店主「いいえ。自分で調べましたよ！　それも高木さんと同じです。インターネットです。

当時はインターネットが普及し始めた頃で、あちこち検索してまわりました。そしたら、フクロウを飼っている方のホームページがあったり、フクロウを販売しているショップがあったりして、そして、フクロウコミュニティのチャットルームに入り、そこでいろいろな情報を交換したりしました

高木「そうして調べて、最初に飼ったフクロウはなんですか？」

店主「アフリカヒナフクロウです。それから、ハリスホークというタカを飼い、アフリカオオコノハズクを飼い、どんどん好きになって、これまでに、日本で入手できるフクロウはほとんど飼いました」

高木「それが昂《こう》じて『梟屋』さんになったんですね」

店主「そういう訳でもないんですよ。どうしても飼いたいフクロウがいたんです。カラフトフクロウという種類ですけど、とてもデリケートな種類で飼うのが難しいんです。それをちゃんと飼えるようになりたかったんです。梟屋になれば、業者などの専門の方からいろいろな情報が入ると思って、梟屋になったんですよ」

高木「カラフトフクロウは、すぐに飼ったんですか？」

店主「飼いましたよ。でも、死なせてしまいました」

フクロウの寿命

高木「たくさんのフクロウとの出会いや別れがあったのですね。『死』に関してですが、フクロウの寿命はどのくらいですか」

店主「正確な統計などはないんですが、小型種で十年から十五年、中型種で十五年から二十年、大型の種類で二十年以上と言われています」

高木「フクロウが死んだとき、みなさんどうされているのでしょう」

店主「いろいろでしょう。庭がある人はそのまま埋めたりされていますが、今は、ペット火葬に出して、骨を埋めたり、納骨されたりするみたいです。私もそうしています。でも、一羽だけ、どうしても埋められない骨があるんです」

高木「それはなんですか？」

店主「最初に飼ったカラフトフクロウですよ。自分の飼育技術がまだまだ未熟で病気に罹《かか》り、入院させたんです。随分と手をかけたのですが……」

店主は、寂しそうに笑った。

拭いきれない日々。

慈愛と後悔。

あの一言がよみがえる。

「私は、何羽も殺しましたよ」


この日の店主も、にこにこと笑いながら、本当に楽しそうに話をしてくれた。フクロウの話をする店主を見ていると、ぼくまで楽しくなる。そんな店主が、最初のカラフトフクロウの話をする時だけは、寂しそうに見えた。でもすぐに顔をあげ、

「カラフトフクロウは本当にかわいいんですよ。今もうちにいますけどね！」カラフトフクロウは、バウムクーヘンのような頭部で、とぼけた顔をした大型のフクロウだ。ふわふわの毛に顔を包まれ、なんとも言えない表情をしている。ぼくも最初に『梟屋』さんを訪れた時に、カラフトフクロウを見て驚いたものだ。フクロウのヌイグルミに紛れ、じっとしていた。どれが本物でどれがヌイグルミかわからなかった。そんなフクロウだ。

ぼくたちが話している周りでは、フクロウ達が（何の話？）って顔でぼくたちを見ていた。そこにいたのは、アフリカオオコノハズク、アフリカヒナフクロウ、ベンガルワシミミズク。フクロウに囲まれ、フクロウの話をする店主。

高木「実際にフクロウをご商売されて、どうでしたか？」

店主「大変ですよ！　大変だから、フクロウというか猛禽類の専門店が少ないんでしょうね」

高木「専門店は、全国にどのくらいあるんでしょう」

店主「詳しいことは分かりませんが、関東に数店、関西に数店、九州に数店くらいじゃないでしょうか。本当に数えるほどしかないですね。もちろん、総合ペットショップで扱っている店もありますが、専門となると……」

高木「何が大変なんでしょうか」

店主「やっぱりペットとして一般的じゃないぶん、飼育法がきちんと確立されてなかったり、アフターケアの問題や、病気や怪我をした時の医療体制などで、ペットショップとしても販売しづらいのでしょう。そして、法律も後から追いかけてくるような状態なんです。動物取扱業という登録があるのですが、それも内容が、『販売』『保管』『貸出し』『訓練』『展示』とあって、それぞれに登録を受けなければならないんですよ。それに、最近は『インターネット販売』もそんな登録になっています。他に、仕入れも輸入になると、これまたいろいろ面倒で……」

高木「輸入だと、どこの国からが多いのですか」

店主「イギリス、ドイツ、ベルギーが多いんじゃないでしょうか」

『梟屋』さんでは、「販売」「保管」「貸出し」「訓練」「展示」の登録を受けている。そして実際にそれらの業務をしている。「販売」は、もちろんフクロウなどを販売し、「保管」はいわゆるペットホテルだ。これも主要な業務とされている。「貸出し」は、撮影などへの貸し出し。これも実際に行われている。『梟屋』さんのフクロウが、ある企業のポスターになったりしている。「訓練」では、顧客のフクロウやタカなどの訓練をする。手に乗せたり、飛行などの訓練だ。この日も訓練中の個体がいた。最後の「展示」も全国でおこなっている。フクロウショーというやつだ。

大変大変、と言いながら楽しそうだ。フクロウの話をするのが嬉しくて楽しく、それを隠そうともしない店主。

そんな店主と、ぼくは出会った。店主と出会い、コトバと出会った。フクロウを飼う。フクロウと一緒に暮らす。ぼくも店主も入り口は同じだった。

「フクロウって飼えるんだ！」

出会い。

偶然としか言えない、『梟屋』さんとの出会い。

インターネット検索で存在を知り、
電話でその声を聞き、
電車とバスを乗り継ぎ、その敷居をまたいだ。
フクロウの国、
フクロウの王国、
たくさんのフクロウに囲まれた店主。
偶然出会ったその場所に魅入られた。
偶然出会ったその景色に魅了された。
「本当にフクロウが飼えるんだ！」
憧れを現実にしてくれた『梟屋』さん。

フクロウの習性

フクロウがペットとして一般的ではないというのは、誰もがフクロウに対して、神秘的で謎めいていると感じるからかもしれない。昔から語り継がれている伝説や神話にフクロウはたくさん出てくるし、テレビや映画でも、そのような扱われ方をする。でも、実際に一緒に暮らしてみるとそんなことはない。

一日のほとんどをぼんやりしている。
寝ているのか起きているのかわからない。
とぼけた顔でおっちょこちょい。
丸っこい体で鳥には見えない。
まん丸の目はきょろきょろとよく動く。
人間との距離感も微妙なバランスを保つ。
遊ぼうとしたら遊んでくれないが、相手にしないとちょっかいを出してくる。

神秘的、謎めいているという感覚もわからなくはない。確かにこうして一緒に暮らすまでは、ぼくもそう思っていた。フクロウの神秘性に惹かれた。神話に語られるフクロウの持つ何か大きな力を感じたかった。もちろん今でもそんな感情は確かにある。あるが、コトバを見ているとそんな堅苦しい思いなんかどこかへふっとび、にっこりとしてしまう。
でもやっぱり、フクロウにはフクロウ独特の生態があるようだ。

本能

フクロウは、自分の体の不調を隠そうとする習性がある。野生を考えるとよくわかる。それはどの動物にも当てはまることかもしれないが、具合が悪いことを隠そうとするのだ。野生下で、体調の悪いことがはっきりとわかってしまうとすぐに敵に襲われてしまう。だから、それとわからないように隠すのだ。しかし、その本能は、飼育下では致命傷にもなってしまう。一緒に暮らしていて、具合が悪いことを隠されると、手遅れになってしまうという。幸いにコトバはこれまでそんなことはなかったが、『梟屋』さんの顧客の中には、そんな例もあるらしい。体の不調を悟られないようにするという本能が如実に表れるのは、抜け落ちた羽にだ。

換羽期という時期がある。

羽が生え換わる時期だ。その時期には、古い羽が抜け落ち、その下から新しい羽が生えてくる。きれいな羽だ。羽ペンになるくらい芯がしっかりし、鮮やかな模様が入っている。フクロウの羽は縁起がいい、財布に入れておくとお金が入ってくるとも言われ、その羽を欲しがる人も多い。

羽は、確かに抜け落ちる。抜け落ちた羽をフクロウが自身の鋭いくちばしで噛み、爪で引きちぎり、ぼろぼろにしてしまうのだ。コトバもそんな行動をよくする。飼い始めた頃は、その理由がわからずに不思議に思ったものだが、店主に聞くと、本能だということだ。きれいな羽が巣の周りに落ちていると、それを天敵が見つけ、襲われるからぼろぼろにするのだと言う。

また、フクロウは、体重が落ちてくると羽を膨らませて、それを隠そうとするらしい。自分がやせ細っていくことを、敵に悟られないようにするためだ。見かけは変わらないまま餓死してしまうこともあるそうだ。だから、毎日しっかりと体重を測定しなければならない。

何代にもわたり、人間の都合に合わせて掛け合わされ、野生がなくなっている犬や猫と違い、フクロウにはやっぱり野生が残っている。残っている、というよりも、こうして飼育下にいながら野生なのだ。それがフクロウの魅力でもある。

今後、たくさんのフクロウが人間の都合で掛け合わされ、野生を骨抜きにされ、飼育しやすいようにされていくかもしれない。そんなことがないとも言えない。そうなると、確かにペットとしては飼いやすく、よくなつき、餌も人工の餌が開発され、寿命も延び、人間にとってはいいことだらけかもしれないが、フクロウ本来の魅力は失われるだろう。それは、とても寂しい気がする。

擬態

敵が現れた時やその身に危険が迫った時に、地面や樹木や植物など周囲の環境と見分けがつかないように自らの体を似せて、身を守ることだ。コトバも擬態する。

木の枝に。

身を細めて、ピクリとも動かなくなる。

それが枝?

と思うのだが、コトバは真剣だ。

コトバが必ず擬態する対象に掃除機がある。リビングにおいてある掃除機をコトバのいるこの仕事部屋に持ち込むと、「きゃきゃきゃきゃ」と鳴いて、一瞬にして体を細くして動かなくなる。毎日のように掃除機を目にし、音も聞いてきたはずなのに、掃除機を見ると必ず擬態をする。細くなる。非難の目をぼくに向ける。

そんなに掃除機が嫌いか。

「お前の羽があちこちに落ちてるんだ。いい加減、掃除機にも慣れたらどうだ」

声をかけてもコトバは木の枝に擬態中。

ピクリとも動かない。

完全に枝になりきっている。

それにしてもよくそんなに体が細くなるもんだ。

いつもは毛むくじゃらの二頭身のくせに。

擬態中は四頭身くらいになってしまう。

やわらかなぽわぽわの羽毛に包まれた丸い頭も細くなり、まん丸の目は細められ、ぼくを非難する目つきになる。そんなコトバに知らん顔して掃除機をかける。コトバはその音を聞き、それまで以上に体を細くする。その様子がなんだかおかしい。笑ってしまう。コトバ、もうすぐだから、と声をかける。擬態中のコトバは、フクロウにも鳥にも見えない。だからと言って、木の枝に見えるはずもない。野生下の木の上なら枝にも見えるのかもしれないが、東京練馬のマンションの一室では、とても駄目だ。

季節が変わっていく

夏が過ぎ、秋が来た。

食欲が旺盛になってきた。餌を見せて呼べば、飛んでくるようになってきた。ぽわぽわしていた羽毛が少しずつしっかりしてきた。筋力もついてきたのだろう。止まり木から止まり木へ自由に飛べるようになった。目付きも変わってきたようだ。猛禽類独特の鋭い目になってきた気がする。秋が過ぎ、冬が来た。食べる餌の量がますます増えてきた。来《きた》るべき冬の寒さに備えて、体に脂肪を蓄えるらしい。それも本能なのだろう。本能と言えば、エアコンやガスファンヒーターから噴き出す風に体を預けたりもする。夏、エアコンのスイッチを入れると、エアコンの前に設置してある止まり木にとまり、普段なら背を向けているエアコンに体を向ける。そして、体の何倍もある翼を精一杯広げて、エアコンの風を受けるのだ。吹き出す風に顔を向け、翼を広げ、右に左に体を傾け、その姿はまるで大空を飛んでいるように見える。エアコンの冷風が気持ちいいのか、吹き出す風量が気持ちいいのか、それとも、大空を飛んでいると錯覚するのか。いつまでもいつまでも翼を広げ、右に左に。そして、冬。ガスファンヒーターは、畳においてある。

ファンヒーターのスイッチを入れる。

勢いよく吹き出す温風。

止まり木からコトバが飛び降りてくる。

ファンヒーターの前にとことこと歩いて行く。

床すれすれにある吹き出し口に顔を向け、翼を広げる。

風を翼いっぱいに受けて、体を左右に揺らす。

右に左に。

いつまでもいつまでも。

そして、春の足音が聞こえ、気温が上がり始めた。

新芽が息吹き、夏の気配を感じ始め、コトバは一歳を迎えた。

怪我も病気もせずに、無事に一歳を迎えた。


コトバの誕生日は、二〇〇六年四月二十九日。

昭和の日だ。

ゴールデンウィークだ。

一歳の誕生日。

コトバに、おめでとう、と言った。

特別に何かをしたわけでもなく、いつものように餌をやった。生まれてからの一年を健康に過ごした。これからまた一年を健康に過ごそうな。そして、また一年。また一年、と。

コトバ、元気に一緒に暮らそう。コトバ、お前が何歳まで生きるのか知らないけれど、毎年こうして、おめでとうを言う。

コトバと暮らし一年が経ち、その生活に慣れていった。餌を捌くことにも慣れ、コトバと遊ぶことの楽しさに満足し、表情豊かな顔を見ているだけで心が和み、交わす夜毎《よごと》の言葉に蒙《もう》を啓《ひら》き、真夜中の対話に創作への渇望を覚え、コトバがいない生活は考えられなくなっていた。

誕生日が過ぎて、夏が来た。食が落ちると言われる夏だ。だが、コトバの食欲はほとんど落ちない。冬場よりもちょっと少ないかな、というくらいだ。パクパクとよく食べる。

『梟屋』さんに言わせると、

「甘やかせ過ぎです！

高木さんは過保護です！

コトバちゃんには今の時期、

餌は一日一回でいいんです！

親バカです！」

ということらしい。

でもいいんだ。

コトバは、ぼくに豊かな生活を与えてくれる。無条件の豊かさ。大きな豊かさ。他のどんなことからも手に入れることの叶わないコトバとの生活。かけがえのないコトバとの暮らし。失いたくないコトバとの会話。コトバと過ごす夜の彩り。交わす形而上《けいじじょう》の言葉の数々。

コトバ、お前がここに来て、ぼくの生活は随分と変わった。
朝起きて、お前に「おはよう」と言う。
仕事をしていて目が合うと「やあ、元気かい」「調子はどうだい」と会話を始め、
夜寝る前には、「おやすみ」「また明日」と。

真夜中、真っ暗闇に鳴くコトバは、深山の幽玄をこの東京の片隅に連れて来る。思索を深める鳴き声。ぼくを深い思考へと誘う声。心の奥深くに染みるように入り込んでくる鳴き声。コトバの声がぼくに物語を物語る。コトバの声に脚本が進む。コトバの声から言葉が生まれる。

ここは、マンションの八階。南に面して大きな窓のあるこの六畳の和室がコトバの世界であり、ぼくの仕事場だ。周囲に高い建物はなく、冬の晴れた日には、くっきりと富士山が望める。真冬でも陽《ひ》が入ると暖房がいらないくらいだ。コトバは、この六畳の世界を自

身の世界として自由に飛んでいる。好きな時に眠り、好きなように遊び、餌をお腹いっぱい食べて、ここを世界とする。

昼間は、カーテンを全開にしている。コトバのためだ。以前、店主に言われたことを守っている。

「飼育環境下ではカルシウムが不足がちになるので、なるべく日光にあてるようにしてください」

朝起きて、コトバに声をかける。「おはよう」。餌の時間だ。コトバはお腹をすかせている。餌の準備をする。部屋から「にゃー、にゃー」と、お腹をすかせたコトバの鳴き声がキッチンに届く。餌の準備をして部屋にはいる。コトバが目を輝かせて待っている。餌を与えて、カーテンを開く。「今日もいい天気だな」。餌をやりながら、コトバに語りかける。

コトバがケージの前で窓越しの空を見る。

餌を食べ終えた満腹の顔で空を見ている。

コトバの顔を覗き込む。

コトバは、ぼくを見ない。

じっと空を見ている。

首がゆっくりと動いている。
何かを目で追っているようだ。
なんだろう。
ぼくも空を見る。
雲だ。
青い空、ゆっくりと流れる雲をコトバが見ている。
じっとそれを見ている。
コトバ……
何か言おうとして、言葉に詰まった。

(お前、飛びたいのか?)
(あの大空を世界としたいのか?)

そうだ。思い出した。
ぼくが最初にフクロウと出会ったあの店。
フクロウがペットとして売られていることを知ったあの店。

そこにいたフクロウは、足に二メートルほどの革紐が取り付けられ、彼らの世界は半径が二メートルだった。ぼくはそれをかわいそうだと思った。ぼくが飼うときにはもっと自由に飼いたいと思ったんだ。あの店のフクロウに寂しさを感じ、言いようのない哀れを感じもしたんだ。そして、『梟屋』さんと出会った。『梟屋』さんにいたフクロウたちはとても自由に見えた。ぼくもそんな風に飼いたいと思った。コトバが生まれ、コトバと暮らし始めた。お前の足に革紐をつけるようなことはしない。そんな不自由はさせない。お前は、この部屋を自由に飛べるんだ。好きなときに好きなように飛べるんだ。でも……、

今、抜けるように晴れ渡った青空に流れる雲をじっと見ているコトバを見て、心が詰まった。

「コトバ、」と、声をかける。コトバは振り返らない。空を見ている。もう一度、「コトバ、」と、声をかける。

（……ぼくは、間違っていたのか？）

そんな不安が体の底を黒く流れる。

半径二メートルの空をかわいそうだと否定しながら、
じゃあ、何メートルの自由ならいいんだ……
革紐に繋がないだけで、この一部屋に限定しているということは、思考として同じじゃないのか。半径二メートルがダメで六畳の自由はいいのか。

ぼくは言葉を失くした。
青い空を見続けるコトバを見ながら。
ペットとは何か。
人間が動物の命を左右する所業とは何か。
動物にとっての真の幸せは何か。
自然に生きる動物にとっての生死とは何か。
コトバを見ながらそんなことを考える。
結論は出なかった。
ただ、ぼくはコトバの命を尊く思う。
コトバの命に最大限の賛辞を贈る。
コトバが今ここで生きていることに大きな喜びを感じる。

コトバが生まれ、ここで生きていることとの事実に奇跡と感動を覚える。
コトバとの出会いと日々の生活を大切に思う。
たとえ、それが人間の一方的な感情だとしても……

「コトバ、お前、あの空を飛びたいのか？」空を見続けるコトバに声をかける。その時、コトバがぼくを見た。とぼけた顔でぼくを見上げた。その顔は、何事もなかったかのようないつものコトバの顔だった。ずんぐりむっくりの毛むくじゃら。二頭身のかわいい奴。丸い目をぼくに向けて、「満腹、満腹」と、いつもの満足そうな顔だった。
ぼくは、コトバに語りかける。

「なあ、コトバ、ぼくはお前と出会った。お前はぼくと出会った」

4 ゴールデンウィーク

二歳の誕生日

コトバとの生活は、二年目に入った。

その頃には、毎日の生活にコトバがいることが当たり前になっていた。仕事を忙しくしながらもコトバとの時間を最優先にし、大切にしてきた。舞台公演や講演などで家を空けることもあったけれど、それはその都度なんとかうまくやってきた。

二年目も夏が過ぎ、秋が過ぎ、冬が過ぎた。

定期的に爪やくちばしの手入れに『梟屋』さんに連れて行き、元気のいい店主にコトバの健康状態をチェックしてもらい、コトバはイタズラをし、ぱくぱくと食欲は旺盛で、心配するようなことは一度もなく、怪我をするようなこともなかった。医者の世話になるような病気を心配させることもなかった。そうして二歳の誕生日を迎え、ゴールデンウィークに入った。

二〇〇八年、ゴールデンウィーク。

コトバ、二歳と三日。

その時期、仕事が急に重なった。いろいろな締め切りが重なった。いくつかの原稿をかかえ、同時に音楽の仕事も請けていた。同じ時期に舞台公演も予定されていた。世の中はゴールデンウィーク。連休だ、旅行だ、デートだと浮かれているのが肌に感じられた。そんな賑《にぎ》やかな空気を横目にぼくは、仕事に追われていた。

毎日徹夜で仕事をしていた。というよりも昼夜が完全に逆転していた。昼頃に目を覚まして雑務を片付け、夜になってようやく仕事に取り掛かった。深夜〇時を回ってエンジンがかかり、万年筆を持ち出して脚本の執筆をした。そんなサイクルだった。生活がそんなサイクルになるにつれ、コトバをケージに戻すことをやめていた。餌を与える時間もぼくの生活が夜にずれ込むのに合わせて、ずれ込んでいった。

これじゃダメだな、早く生活を戻そう。

今まで通りちゃんと朝起きて、夜はきちんと寝よう。

眠くなったら寝る、目が覚めたら起きるような生活はダメだ。

堕落している。

これじゃ何にも生み出せない。

いいものが書けるはずがない。そう自分に喝をいれつつも、そうできないほど毎日が忙しかった。取り組んでいる脚本は進まず、五線譜を眺めながらも旋律は生まれず、単発のたった二枚の原稿を書くのに何時間もかかり、目の前には舞台公演が控え、とにかく一つ一つをこなすことだけが、その頃の毎日だった。舞台公演は、ぼくが主催する公演だった。各界多方面からの協力を仰がなければならない企画だった。多くの人を巻き込んだ舞台だった。責任の重さを感じながら、遅々として進まない自分の仕事や作業に逃げ出したくもなっていた。

これまで、引き受けた仕事で締め切りを守らなかったことはない。作品の良し悪《あ》しに関わらず、それだけは自慢できる。何が何でも締め切りは守る！　それは、ぼくが自分に課している決まりだ。その時期に一番きつい締め切りは、舞台音楽の作曲だった。脚本を読み込み、挿入歌の歌詞を読む。演出家の言葉を思い出しながらイメージを膨らませる。小さなキーボードで音を拾っていく。一音、また一音、一小節、また一小節。構成が見えてくる。キーボードに指を置きながら、自分で歌ってみる。悪くない。いけるだろう。五線譜に記譜していく。主旋律ができたら、次はアンサンブルを組んでいく。ドラム、ベース、シンセサイザー、ギター、コーラスと、いくつものパートを五線譜に落としていく。作曲の合間には、原稿を書くための資料を探したり、思い付いたことをメモしたり。時間が足らなかった。いくら時間があっても足らなかった。体がいくつも欲しいと思った。それでも、締め切りには間に合わせようと毎日仕事をしていた。

五月二日、未明。

はっきりと覚えている。

夕方から始めた作曲の仕事は、深夜〇時を過ぎる頃には、大体カタがついた。書き記した五線譜も三十枚以上になった。全体像が見えていた。（譜面の仕上げは明日以降。それができしだいレコーディングの準備だな）

作曲が終わり、一息つけた。心からほっとした。（これで間に合う）そう思い、安心した。そして、休憩を入れ、夜中の二時くらいから万年筆を握った。脚本の執筆だ。書き始めて、感触がいいことに気付いた。作曲という一つの仕事に先が見えたからなのか、頭がクリアに働く。物語が生まれてくる。手が先へ先へと書きたがっている。力が入る。

いつもより言葉が生まれてきていた。（こんな日があるんだ）そう感じながら、一文字ずつ原稿用紙にインクを刻み込んでいった。二時間ばかり集中して書いた。その間、コトバはいつものように目の前の止まり木でぼんやりとぼくの仕事ぶりを見ていた。

レースのカーテン越しに外が薄明るくなってきたのを背中に感じた。そんな朝の気配を合図に、少し休憩しようと体を横にした。いつものことだ。三十分ばかり目を閉じれば、疲れも回復する。それからコーヒーを淹《い》れて、一服つけよう。一服したら、もう少し書き進めよう。今日はのっている。どんどん書けそうだ。気分がとてもいい。書く台詞の全てが生き生きと頭の中で再現される。よし、一息入れて、もう少し書こう。そう思って横になった。

……ぐっすりと寝てしまった。時計を見ると一時間が経っていた。熟睡していた。連日の仕事で疲れていたんだな、そう思った。

部屋にふっと、風が抜けた。

瞬間、嫌な予感がした。
背筋が凍りつくような冷たい予感。
血の気が全て引くようなそんな予感。
コトバ、
声をかけた。
気配がない。

ベッドから跳ね起きた。

コトバ！

いない！

狭い場所に嵌《はま》り込んでいるのかもしれない。
部屋をあちこち見ていく。
テレビの後ろか？
本棚の後ろか？
冷蔵庫の後ろか？
ベッドの下か？
衣類に紛れているのか？
エアコンの上か？

いない……

風が、ふっ、と抜けた。
レースのカーテンをめくってみる。
ベランダに続く窓が少し開いていた。
五センチばかり開いていた。

コトバ……
ここから……
出たのか？
畳の上を歩いて、
ここに来て、
風でレースのカーテンがめくれた時にここから出たのか……

コトバ！

ベランダに出て探す。
室外機の裏にもいない。

物置の裏にも下にもいない。
いくつかの植木の周りにもいない。
周りを見回す。
いない。
ここは八階。
階下のベランダに降りたか。
下に落下したか。
飛べるとはいえ自然環境で育ったわけではない。
そんなに遠くへは飛べないはずだ。
マンションの中庭に落下したのかもしれない。
部屋を飛び出した。

少しずつ日が昇っていく。
上がってくるエレベータを待ちきれずに階段を走り降り、中庭を探す。

コトバ！

梅雨前で草の手入れがされていない中庭。
声をかけながら、雑草の伸びた中庭を探す。
いない。
すぐ下の階のベランダかもしれない。

階下の部屋の呼び鈴を鳴らし、状況を説明しベランダを確認してもらう。
いない。

『梟屋』さんに電話をする。
朝早い時間だというのにすぐに出てくれた。

「コトバがいなくなりました」

ぼくは、完全に錯乱していた。
その錯乱を隠そうともしなかったようだ。
電話の向こうで店主の驚く声が聞こえた。

「すぐに近くの交番に届けてください。ペットは遺失物になるんです。届けておかないと、見つかった時にややこしいことにならないとも限りません」

「わかりました」そう答え、コトバの識別番号を確認した。コトバは足に識別票が取り付けられている。そして、店主が続けて言った。

「その辺にカラスが集まっていませんか？」

そう言われて、空を見上げた。いた。カラスだ。カラスの群れだ。うちのマンションから駐車場を二つはさんだ南側に五階建てのマンションがある。その上空にカラスがたくさん集まっていた。後で聞くところによると、フクロウとカラスは仲が悪いらしい。カラスはフクロウを敵視し、見つけると攻撃するとのことだ。伝説や神話にいろんな話が残されている。生物学的に何かあるのかもしれない。でも今はそんなことどうでもいい。

「カラスの輪の中心にいるはずです」

「襲われているかもしれません」

「カラスが鳴いているなら、仲間にコトバちゃんの場所を教えているんです」

走り出て、周辺を探した。
カラスの鳴き声がうるさい。
あんな大きなくちばしを持つカラスにコトバが敵《かな》うはずがない。
コトバは小さい。
全長二〇センチ、体重なんて二〇〇グラムくらいのものだ。
それに、自然下で敵と闘えるほど飛べるわけでもない。
もちろん戦闘訓練なんかしたこともない。
過保護だと笑われるほどの環境だったんだ。
甘えっこの箱入りフクロウ。
カラスに襲われている……
目の前が真っ暗になる。

カラスの輪の中を見てまわる。
コトバ、
コトバ、

いない……
もしかして、もう……

電話がなった。『梟屋』さんからだ。
「高木さん、落ち着いてください」店主の声が遠い。
ぼくは錯乱していた。
電話口で泣き喚《わめ》いていた。
後悔と罪の重さ。

あの時、横にならなければ、
あの時、窓を確認しておけば、
あの時、コトバをケージに戻しておけば……
あの時……
あの時……
電話に向かって泣きながら謝り続ける。

「ごめんな、コトバ、怖い思いさせて……」

「高木さん、落ち着いてください」もう一度声が聞こえた。

大きく息をしたことを覚えている。
深呼吸をして、前を向いた。
店主の声が頼もしい。
そうだ。やれることをやろう。
まずは警察への届出だ。
すぐにバイクに乗り、近くの交番に行った。

交番には、お巡りさんが一人。朝六時前だ。「ペットのフクロウがいなくなったので届けにきました」そう伝えた。「はい」と返事をされた。どうも、状況が把握できないらしい。何故交番に？　という顔をしている。「ペットがいなくなった場合は、遺失物として届けるということなので、その手続きに来ました」そう言うと得心《とくしん》したようで、一枚の書類を出してきた。

【遺失物届】


それを見た時、心に空虚が走った。

遺失物……。

コトバは遺失物なのか……

物？

コトバは物？

（なんだ、この茶番は……）

バカらしくなって、交番を走り出……ようと思ったけれど、そんなわけにもいかない。

【遺失物届】の各欄を埋めていく。住所・氏名から始まり、遺失物の品名・特徴・失くした日時・失くした状況。

品名：フクロウ・足に識別番号あり
特徴：全長二〇センチくらい・アフリカオオコノハという種類・かわいい
日時：五月二日、午前五時

状況：目を離したすきに部屋から歩き出た

全ての欄を埋めた。これでいいですか、とお巡りさんに手渡した。受理され、手続きは終わった。それだけだった。帰り際にそのお巡りさんに聞いてみた。

「電柱に貼り紙をしていいですか」

ビラを作って貼り、情報提供を求めようと思っていた。店主もビラを貼ることは有効な手段だと言っていた。コトバの体が小さいとはいえ、目に付くはずだ。ビラを見た人が連絡をくれることを期待する。

「私の口から、いい、とは言えないんですが」とお巡りさんは口ごもった。「こういう場合ですから、まあ、本来はだめなんですよね、でもまあ、あの、……」とはっきりしない。自己責任でと、ぼくは解釈した。お巡りさんもその腹のようだ。

帰宅して、交番に届けた旨を店主に連絡し、これからビラを作り、貼っていくと伝えた。店主からも現況報告があった。知り合いのペットショップやブリーダーに「フクロウ・ロスト」の情報を流したとのこと。発見した人がどんなルートで情報を保持・流出させるかわからない。張れるだけの網は張っておいたほうがいいのだろう。インターネットでの情報交換で逃げ出したフクロウが見つかった例も過去にあるらしい。コトバを見かけた人が自身のブログにそのことを書くかもしれない。保護した人がインターネットで情報を探すかもしれない。犬や猫と違い「フクロウ」だ。保護した人もすぐに飼う、というわけにはいかないだろう。一時的に保護するにしても、餌などの問題もある。インターネットを使い、ペットショップやフクロウ専門店に問い合わせをしてくるかもしれない。フクロウの金額的価値を知っている人は、保護したコトバを売ろうとするかもしれない。オークションサイトに出品するかもしれない。そんなことまで想定して、店主はあちこちに網を張ってくれた。

「ありがとうございます」その言葉しか口から出ない。

「すぐに行きますから」と店主が電話を置いた。

コトバ、どこにいる。

カラスに襲われて、追われて、逃げ切れたか？

それとも……

カラスはあんな大群だ……

小さなコトバが闘って勝てるはずがない……

嫌な妄想ばかりが湧《わ》き上がる。

コトバ、どこにいる……

カラスの輪の中心か……

空を見上げ、カラスが飛びながら形作っている輪形《りんけい》の中心辺りに立ってみる。そこは、うちのマンションから直線距離で五〇メートルほどで、信号のある小さな交差点だ。その角には、郵便局があり、その前には材木屋。交差点のもう一方は、一階にスーパーを構える五階建てのマンション。その前は、観光協会の事務局だ。この辺りにコトバがいるのか。カラスに見つからないように隠れているのだろうか。隠れられそうな場所を覗いてみる。とはいえ、そんな場所は無数にある。コトバは小さい。どこにでも隠れられるだろう。狭い場所に隠れて、不安に震えているコトバを想像する。カラスに追われ、恐怖に怯えるコトバを想像する。コトバ、コトバ、どこにいる……

迷子フクロウのビラを作ろう。

帰宅した。

ビラに使う写真を選ぶ。

コトバの大きさがわかる写真がいいだろう。

ぼくの手に乗っている写真を選んだ。

その写真にぼくの携帯電話の番号をのせる。

そして、プリンタで刷れるだけ印刷した。


印刷している間、コンビニに走り、両面テープやガムテープを買い求める。コンビニからの帰り道に空を見上げる。カラスはまだ群れを解いていない。この辺りにコトバがいるのか。群れを解いていないということは、まだコトバは生きているということだ。コンビニ袋を片手に探してみる。どこをどう探していいのかわからないが、声をかけながら歩き回る。

プリンタのインクがなくなるまで印刷した。その時は百枚ほどだっただろうか。ビラの束と両面テープ・ガムテープを持ち、また外に出た。


まずは、うちのマンションだ。

エントランスの掲示板に「迷子フクロウ」のビラを貼る。それと共にそれぞれのポストにビラを入れた。もしかしたらどこかの部屋のベランダに身を隠しているのかもしれない。コトバの名前を呟きながらポストにビラを入れていく。ポスティングが違法かどうかなんか知ったこっちゃない。コトバの命がかかってるんだ。コトバを探すためならなんでもする。コトバと再び出会うためなら、どんな犯罪でも犯してやる。どんな罰でも受けてやる。そう思っていた。

隣のマンション一階の掲示板にも貼り、周囲の電柱、外灯、信号機にビラを貼っていく。もしかしたらお腹をすかせてゴミ捨て場にも来るかもしれない。そう思い、その周囲にも貼る。歩きながら一軒一軒の家のポストに入れていく。近所のコンビニに話をし、入口のガラスに貼らせてもらう。作った百枚のビラはあっという間になくなった。新たに刷ろうにもプリンタのインクはなくなっていた。買いに行っている時間はない。時間との勝負だ。コンビニでカラーコピーをした。また百枚。自宅マンションを中心にビラを貼っていく。一本の電柱に二枚ずつ。道のどちら側から歩いてきても必ず目に留まるように貼る。誰がどう歩いても、車がどこで信号待ちしても必ず目に入るようにビラを貼りまくった。

コトバ、今見つけてやる。
待ってろ、ぼくが探し出してやる。
生きてろ。
生きてろ。

店主が車で駆けつけてくれた。あんなに遠い場所から駆けつけてくれた。店主に会うと、また感情が溢《あふ》れた。涙を堪えられなかった。涙を拭き、一緒に周囲を歩く。マンションを囲む道から、うちのベランダを指し、

あそこから、ここに降りてきて、カラスに見つかったんでしょうね。

高木さんの家に戻ろうとしたはずですよ。

でも、カラスに追われているうちに方向感覚を失ったんです。

コトバちゃんの羽も落ちてないし、まだどこかに隠れていると……

そうだ。

コトバは立派な男の子だ。

強い子だ。

死んでたまるか。

カラスなんかにやられてたまるか。

でも、まだ子供。

二歳の子供。

ついベランダに出て飛んでしまったけれど、帰って来ようとしたんだよな。

うちに帰って来ようとしたんだよな。

コトバ、ごめんな。

ちゃんと窓を確認しておけばよかった。

ごめんな。

今、探し出してやるからな。

待ってろ。


店主と周辺の地形などを確認しながら歩く。あちこちを指し示しながら、こんなところに隠れているんですよ、と具体的に教えてくれる。マンションの裏手や、自転車置き場や植え込み、アパートとアパートの隙間、街路樹の上。

「大丈夫ですよ。きっと見つかります。こんなところに！　ってところにいたりするんですよ。ビラを貼っていけば情報も入ります」

店主に感謝した。心から感謝した。多忙の中、遠くから駆けつけてくれた。店主に会えただけで安心もした。必ず見つかる。必ず見つかる。何か情報が入ったら連絡ください、と店主は帰っていった。その日は一日中、街にビラを貼って歩いた。空を見上げ、街中の小さな隙間を覗きながら歩いた。大丈夫だ、必ず見つかる、と自分に言い聞かせながら歩いた。

五月三日――コトバ失踪から、二日目

携帯電話が鳴った。

「電柱に貼ってあるビラを見て電話しました」心が高鳴る。

「郵便局の前の交差点で、カラスに追いかけられてるのを見ました」電話の主は、そう言った。

「どっちに行ったか分かりますか」

「団地の交差点の方に逃げて行ったみたいです」


(団地の……)

うちの方だ。やっぱりコトバはうちに帰って来ようとしていたんだ。悔しさと罪の意識に発狂しそうになる。電話の主にその時間を確認した。

また電話が鳴った。

「郵便局の警備員の方が捕まえようとしてましたよ」

すぐに郵便局に向かう。

やはりこの交差点の辺りか。

警備員に話を聞く。姿形を確認してみると確かにコトバだ。捕まえようとしたけれど逃げられた、と年配の警備員は言った。そして、

「逃げられて、向かいの材木屋さんに入って行ったよ」と。

材木屋の中。

希望がわく。

逃げていなければ、まだ中にいるはずだ。

でも、今日はゴールデンウィークでシャッターが降りている。

開けてもらうしかない。

材木屋の自宅はどこだ。

近所の家を数軒周り、材木屋の自宅情報を聞き出す。

幸いに近くだ。

走る。

全力で走った。

呼び鈴を押す。

事情を話す。

家族で団欒《だんらん》中だったようだ。事情を話すとすぐに了解してくれて、材木工場の鍵を開けてくれた。材木屋の中は、思った以上に広い。通常の家の二階建ての高さで、中は吹き抜けになっている。あちこちに木製の梁《はり》が通り、コトバが隠れるには絶好の場所だ。心配は、天井近くにあちこち隙間があることだ。空気取りの穴なのか、それとも別の目的なのか、天井近くががら空きだ。けれども、カラスや人間に追われ、初めての外界に怯《おび》えて、ここでじっとしているかもしれない。

この中にいるはずだ。

材木屋さんが見守る中、コトバを呼ぶ。

コトバの名前を呼びながら探す。

下からでは見えない場所が多すぎる。

高い脚立を借りて、天井近くまで確認していく。

一時間以上が経った。

いない。

もうここにはいないのか。いや、きっとこの中のどこかに隠れているはずだ。返事をしないだけだ。出てこないだけだ。生まれて初めてのぼくの部屋以外の世界。恐怖に震えているのかもしれない。落ち着くまでは顔を出さないのかもしれない。そう考えた。

この材木屋さんが今、唯一の希望だ。徹底的に探すか、それとも少し時間を置いたほうがいいのか。

コトバはもう丸一日以上何も食べてはいないはずだ。お腹をすかせているはずだ。材木屋さんにお願いして、一日餌を置かせてもらおう。明日来て、餌を食べていれば、ここにコトバがいるということだ。材木屋さんは、それを快く了解してくれた。家にとって返し、餌の準備をする。材木屋さんに戻り、二階部分に当たる太い梁の上に餌を置く。

コトバ、ここにいるなら食べろ。

少しでも食べろ。

また電話が入った。

「ビラのフクロウみたいなのが飛んでるのを見ました」

何本も電話がかかってくる。

「うちのマンションのベランダにとまっていました」

「交差点の上で見ました」

「団地の裏手の方を飛んでいるのを見ました」

ビラの効果が出てきたようだ。フクロウはやっぱり目につくのだろう。

かかってくる電話をまとめていくと、やっぱり郵便局と材木屋を中心とした場所だ。うちからは直線距離で五〇メートルから七〇メートル。確かにこの交差点がコトバ探査の中心だ。翌日早朝、材木屋さんに鍵を開けてもらい、餌を確認する。

食べていない。

ここにはいないのか。感情は発狂しようとしていたが、冷静さも取り戻しつつあった。情報提供の電話を受けた時、それぞれの目撃の時間を確認してあった。それに沿ってコトバの行動を再構築してみる。

五月二日未明、五センチの隙間からベランダに歩き出る。

ベランダの手すりに飛び乗る。

マンションの構造的に飛び出している三階下の屋上に飛び降りる。

カラスに見つかる。

郵便局前の交差点方面に逃げる。

家に戻ろうと方向を転換するもカラスに追われ通り過ぎる。

団地前交差点だ。

そこで戻る方向を見失う。

カラスに追われ、また郵便局前交差点方向に逃げてくる。

郵便局前のマンション二階のベランダ手すりに降り立つ。

またカラスに追われる。

郵便局前交差点の道路に降り立つ。

警備員に見つかり、警備員が捕まえようとするがその手を逃れる。

目の前の材木屋さんに飛び込む。

天井付近の穴から飛び出していく。


五月三日までにわかったのはここまでだ。ここから先の足取りがわからない。二百枚のビラを貼った。もっとエリアを広げて貼ったほうがいいかもしれない。コンビニのカラーコピーでまた百枚をコピーする。自宅マンションを中心とした半径一キロを焦点とした。

電柱の一本一本に貼っていった。

交差点という交差点の信号機に、外灯に、樹木に貼っていった。

貼れる場所には、くまなく貼った。追加の百枚でも足らない。またコンビニに走る。ポストというポストにビラを投げ入れ、アパートの掲示板に貼り、歩き回り、空を見上げ、歩き回り、あちこちを覗き、歩き回り、コトバを呼び続け、歩き回り……歩き回る……。

リミット

五月四日——コトバ失踪から、三日目

電話が入った。

「城北公園で見かけました」

城北公園？　頭の中に地図を思い浮かべる。城北公園は、東武東上線上板橋駅と地下鉄有楽町線氷川台駅の間に位置し、この地域では群を抜いて大きな公園だ。国道二五四号線の内側にあり、自宅マンションからは、直線距離で一キロはある。そのことを店主に電話で伝える。店主も地図を確認したようだ。

「ちょっと遠いですね。ただ、カラスに追われて、必死で逃げているうちに、城北公園に着いたのかもしれません」そう言った。

店主の見解では、ロストした小型種のフクロウは、案外近い場所にいる、ということだった。飼育下のフクロウは、そんなに長距離を飛ぶことはできないということだ。そして、「城北公園なら、大きな樹木がたくさんある森があるし、カラスの目からは逃げられるでしょう」と、続けた。

それを聞いて少し安心した。

カラスの攻撃から逃れられれば、あとは餌だ。きっと今、お腹をすかせている。お腹をすかせて「にゃーにゃー」と子猫のように鳴いているかもしれない。不安と空腹と一人ぼっちに鳴いているかもしれない。コトバ、頑張れ。お前は、孤高の王者じゃないか。孤独をものともしない勇気あるフクロウじゃないか。コトバ、頑張れ。祈りながら、店主に確認する。

「餌を自分で捕ることはできますか」

「それは無理だと思います」店主は、はっきりとそう言った。


自分で捕れない……


じゃあ、もし本当に城北公園に逃げているとしても、自分で捕食できないんじゃ、餓死するだけじゃないか……

「餌を食べずに、どのくらい大丈夫ですか」確認するなら今しかないと思い、そう聞いた。

「時期的にまだ冷えますから、コトバちゃんの体力だと三日か四日くらいだと思います」

店主もはっきりと答えた。

下手な慰めや、希望的観測がいい結果をもたらさないことを知っているのだろう。こんな経験は何度もしてこられたのだろう。そういえば自分でもロストしたことがあると言っていた。それを思い出した。ぼく以上にいろんな経験をしているはずだ。店主は、はっきりと事実と真実だけをその時、言った。それを口にする店主の勇気と辛さ。ぼくは歯をくいしばり、感謝した。涙を堪えて感謝した。

餌を食べずに、三日か、四日……

待ってろ、コトバ。

また一緒にご飯を食べよう。

ぼくの手からおいしそうにパクパクと食べるコトバが思い出される。

コトバ、待ってろ、今見つけてやる。

ビラを何百枚も刷った。城北公園に向かう。巨大な公園だ。管理事務所に届出をする。事務所では、迷子ペットに慣れているのだろう。ビラを受け取り、「わかりました。誰か見かけたり、そんな連絡が来たら、すぐに連絡をします」そう言ってくれた。そして、事務所の掲示板にビラを貼ってくれた。

夜だった。公園内に入ってみる。とても広い。周囲何キロあるのか、ランニングコースがあり、周りには大きな樹木が所狭しと生えそろい、野球場、テニスコート、陸上グラウンドなど、いろんなスポーツ施設がゆったりと配置されている。

こんなところにいるのか。

どう探したらいいんだ。

どうしたらいいのかわからないまま、木を見ながら歩いた。あてどもなく歩いた。ランニングコースを一周してみた。歩きながら、すれ違う人に状況を説明し、一枚ずつビラを手渡していった。それにしても広すぎる。どう探したらいいのか見当もつかない。公園から外に出て、公園を囲むように走る道路にビラを貼ることにした。その夜は、持っているビラを捌いて帰宅した。店主の言葉を思い出す。

「姿を見せるとしたら、カラスのいない夜でしょう。お腹をすかせて出てくるとしても、やっぱり夜だと思います」

コトバ、お前が見つかるまで、お前と再会できるまで、毎晩ここに来よう。明日から、ビラを持っての「城北公園」まいりだ。

五月五日――――コトバ失踪から、四日目

夕方から夜中まで公園内を歩き回る。

懐中電灯で高い木の上を照らしながら歩く。

無数にある木の一本一本を照らしながら歩き回る。

声をかけながら歩き回る。

公園を出て、周囲の道路にビラを貼りまくる。

コトバ、お前に会えるまでここに来る。

お腹がすいたか。

寂しいか。

怖いか。

待ってろ。

見つけてやる。

見つけてやる。けれど……

公園内を歩き回りながら、店主の一言が耳から離れない。

(餌を食べずに、三日か、四日……)

それは、店主の経験則でもあるのだろう。生物学的にもそうなんだろう。三日か四日をリミットだとすると、今日がその日じゃないか……

どうすればいい……

五月六日――コトバ失踪から、五日目

そういえば、コトバがこの部屋からいなくなって、仕事を全くしていない。発狂、その二文字が何を考えていても付きまとう。（ここから先が、狂う、という場所か……）そんなボーダーラインをいつも感じていた。狂うことを食い止めるために、いつも大きく息をした。深呼吸をし、名前を呼んだ。

コトバ……
名前を呼ぶことしか、できない……
コトバ……
何度も、何度も、お前の名前を呼ぶ……
名前を呼ぶことしか、できない……
コトバ、待ってろ。
今、見つけてやる。

名前を呼ぶことしかできない

餌を食べずに三日か、四日……

今日はもう五日目だ。生きていてくれ。それだけでいい。生きていてくれ。お前がどこかで生きていれば、それだけでいい。日が暮れて、今日も城北公園に向かう。もう何枚印刷して、何枚を街中にばらまいたかわからないビラを片手に暗闇の中を歩く。懐中電灯で一本一本の木を照らし、コトバの名を呼び、真夜中まで探し続ける。生存可能なリミットを過ぎた。でも、そんなことは関係ない。ぼくは、コトバが見つかるまで一生探し続けようと思っていた。一年だろうが、十年だろうが、コトバが見つかるまでは探し続ける。雨でも雪でも、コトバ、お前と再会できるまで探し続ける。

少しずつ日常を取り戻しながら、コトバを探す毎日。ただそれだけの毎日。

五月七日が過ぎた。

五月八日が過ぎた。

五月九日が過ぎた。

コトバがいなくなって、一週間以上が過ぎた。

リミットはとうに過ぎた。

それでも毎日、探し歩いた。

ホームページに当時の心境がつぶさに書かれている。

【5月1日　『一緒に本を』】
『寝っ転がって思想書を読んでいると、コトバのヤツが飛んできた。コトバがあんまり暴れるので、一緒に「ケロロ軍曹」を読んだ』

コトバがいなくなる前日の日記だ。

そんな日記と一緒にコトバがぼくのおなかの上にのって、一緒に『ケロロ軍曹』を読んでいる写真が掲載されている。そうだ、お前と一緒に過ごした夜のことだ。歯をくいしばらなければ、当時を思い出すこともできない。仲良く一緒に過ごした夜。

この翌日に、コトバは、失踪した。

【5月2日　『コトバ』】
『名前を呼び続ける』

その一行だけを書いている。ぼくがパニックに陥っていた日だ。

【5月3日　『やっぱりいい天気』】

『見沢さんのお墓参りにくるときは、いつもいい天気。
見沢さんの墓前でお母さんに電話。見沢さんに母の声を。線香が燃え尽きるまで』

コトバ失踪《しっそう》の数日前に行った見沢知廉《みさわちれん》氏の墓参りのことを書いている。小説家見沢知廉氏は、ぼくに創造の翼を与えてくれた方だ。左翼から右翼へ。そして、刑務所で過ごした十二年。十数冊の小説。飛び降り自殺。四十六年の生涯。ぼくは、見沢さんの代表作『天皇ごっこ』を舞台化することで、演劇という世界に一つの足跡を刻もうとした。一年をかけて準備をし、上演した。その舞台の幕が降りた時、ぼくは、ぼくの背中に左右の翼を感じた。確かに、感じた。これで、ぼくは飛べる、そう思った。

翼が欲しかった。

ずっと翼が欲しかった。

その思いをフクロウに重ねてきた。

コトバの翼にぼくの翼を重ね合わせてきた。

こうして毎日日記をホームページにアップしながら、ぼくは、「コトバ・ロスト」という現実から逃げ出したかった。巨大な圧力をもってぼくを押しつぶそうとする現実から確かに逃げ出したかった。

コトバのことを書くことなんかできやしない。だからと言って軽口をたたくこともできなかった。現実の大きさに呼吸が苦しかった。

【5月4日　『自同律の不快』[*10]】

『埴谷雄高《はにやゆたか》がそう言った。

それは、知っている。知っていて、こうやって使っている。自同律の不快。

いつだったか、ぼくは夢を見た。その夢は、びっくりするくらいの大きさだった。

ぼくは、隠れている。隠れていることを知られないように怯えている。

隠れているのは、室内。その小さな部屋には、扉が一つ。

足音が近づいたり遠のいたりする。

そのたびに恐怖に震える。

そのときに求めるのは、神様でもない。仏様でもない。母でもない。
足音が近づいたり遠のいたりする。隠れている部屋の扉の前を通り過ぎる。
怯えている。
歯を食いしばって、ゆっくりと息をして、足音に耳を凝らす。
「誰か」と祈ることが不毛だと分かっている閉塞。
あの足音がこの扉の前に立ち止まったとき、ぼくは、

ゆっくりと息をする。
自分が吐く息の中に、自分の本体が混ざっていることに気がつき始める。
少しずつ、恐怖に駆られ、自分が抜けていく。
一息ごとに自分が吐き出されていく。分裂と融合を繰り返す目の前の気体。

自分が外部から証明されようとしている。
足音が近づいてくる。時間が無い。多分、この足音が最後だ。
近づいてくる。
扉の前で足音が、止まる。扉が開く。

差し込む光と恐怖。息がとまる。目を閉じる。光に包まれる。
恐怖の本体は、これだ。光だ。
声がする。何を言っているのか判別できないけれども、あちこちから声がする。
聴いたことが無いけれども自分の声だ。

ぼくは、祈る。
生きていてください。
自分の生命に対して祈ったのか、自分以外の全ての生命に対して祈ったのか、
光の中で祈る自分。
閉ざされていた部屋は、差し込まれた光のせいか壁がなくなっている。ただ、
ただ空間があるだけ。
それとも、ぼくが壁を認識できないほどに小さくなったのか。
光だけがある。光には音がある。光には熱がある。光には顔がある。光には恐怖と安心
がある。光には客体がある。光には、なにもかもある。と、思った。

思ったけれども、違うかもしれない。
目を閉じているぼくは、まぶたを通してその光をしる。目を閉じて、祈っている。
あの声が、聞こえなくなるまで。

夢は、あまり大きく、目を覚ますと呆然としているぼくを知る。
いつだったかそんな夢を見た。そんな夢を見たことを、思い出した。
真夜中の城北公園。自宅から直線距離で１㎞。夜の城北公園には、生命があった。
確かな確かな生命があった。

自同律の不快。その不快から逃れようと、ゆっくりと息をする。
５月の東京にその息は、なにがしかの影響を与えるだろうか。
祈りの声がする。
それは、確かにぼくの声だ』

リミットが近づいてきている日だ。
城北公園を歩き回りながらぼくは、祈った。

生きていてください。生きていてください、と。

【5月5日　『発狂をとめてくれるケロロ軍曹』】

『真夜中に城北公園をうろつき、暗闇に祈り、暗闇に祈る。
ただいま、と言う。朝起きると、おはよう、と言う。
そして、心をここにつなぐために「ケロロ軍曹」を読む』

祈ることしかできなかった日々。
名前を呼ぶことしかできなかった日々。
ただ歩き回るしかできなかった日々。

【5月6日　『一人で読んだ8冊』】

『この部屋は、こんなに静かだったのか』

探し回り、むくんだ足を投げ出して、本を読む。
この部屋に、コトバがいない。それを痛切に感じる。

【5月7日　『脚本を書くことは、できる。それが不思議だ』】

『万年筆を持つと、かろうじて、脚本が書ける。

今、自分に何が必要か、分析することなく、本能のまま、映画を見ようと思った。

選んだのは、この3本。一本は、ドラマだけれども。

この3作品に何が共通しているのか、そんなことは知らない。

分析や解釈、対応や行動、そんなものは、知ったこっちゃない。

もし明日が来るとすれば、どんな明日かなんて知ったこっちゃない。

本能が望む心。心の本当の心。感じることを信じる』

そんな日記とともにこの数日に見た作品を挙げている。

コトバのいない静かな部屋で、ただ、観ていた。


【5月8日　『こんな夜にたまらなく聴きたくなる歌がある』】

『真夜中を歩いて過ごす。

木々を見つめ、空を見上げ、祈り、帰宅し、ほてった足を投げ出して、世界を歌で包む。

彼女の声が羽ばたきに聞こえるのは、こんな夜だからか』

ホリー・コールだ。

そうだ。確かに彼女の歌ばかり聞いていた。

最初は、パソコンから流れる小さな音で聴いていたけれども、この日は、ヘッドホンをし、泣きながら最大音量で彼女の声を聴いた。

【5月9日 『一人で読んだ5冊』】

『原稿用紙を前に万年筆をかまえる。再びあの偉大な夜を経験できるだろうか。

そういえば、海を見た。でも、それは夢だったのかもしれない。

明け方、名前を呼んだ。

どうしても、名前を呼びたくて、名前を呼んだ。

夜があけて、名前を呼びたくて、名前を呼んだ。

どうしても、名前を呼びたくて、名前を呼んだ。

自分以外を敵に回す覚悟が必要なのかもしれない。

世界を嫌悪しなければならないのかもしれない。

それは、相当なことだ。

自分以外を敵に、と言ったところで、自分には、敵ってのがどんなものか、わからない。

世界を嫌悪するも、嫌悪するという感情を想像できない。

そうだ、テロリストになるんだった。
殺さねばならない人を殺すことがテロルなら、
生かさねばならない人を生かすこともまたテロル。
肉体への暴力がテロルなら、精神への言葉もテロル。
肉体と精神を武器と言葉で暴圧することがテロルなら、
肉体と精神を武器と言葉で生かし続けることもテロル。
お前を言葉で生かし続ける。言葉で一生を生かし続ける。
明け方、名前を呼んだ。
どうしても、名前を呼びたくて、名前を呼んだ』

コトバがいなくなって一週間。

ぼくは、大きな感情に引き裂かれようとしていた。

生きていてくれと願う心と、もうダメかもしれないという現実的なあきらめの心。

コトバを探し歩く毎日。公園の木々を見上げながら、小さなコトバの鳴き声を聞き逃さないよう耳を澄ませ、ぼくは歩き続けた。ビラを貼る毎日。その道々ですれ違う人にビラを手渡す毎日。

「コトバ」

名前を呟きながら、歩き続ける毎日。

名前を呼ぶことしかできない。

祈ることしかできない。

振り払おうとしてもべったりと理性に貼りついた店主の言葉。

「リミットは、三日から四日……」

コトバがいなくなって一週間、ぼくは食事もしたし、眠りもした。不意にそう思った。

（そうだ、ぼくは、食べ、眠り、こうして歩いている……）コトバは食事も摂れず、安心して眠ることもできないというのに、ぼくは、食べ、眠っていた。なんて現実だ。ぼくは、ぼくを軽蔑した。ぼくの不注意でコトバをこんなに目に合わせているというのに、このぼくときたら……

生きていてくれ。生きてさえいてくれれば……

そう思いながら、現実の時間と向き合ってしまう。

もうダメなのか？

コトバ、お前はもう……

なんてことを考えるんだ、と自分自身を罵《ののし》りながらも、どこか黒々とした雲の中から湧き起こる思い。コトバと出会い過ごしてきたこの数年を肯定しながら、その時間を利己的な感情で無理矢理に包み込もうとしていた。胡散《うさん》臭い運命論者のように全ての事実をありのままに受け入れようともしていた。コトバと出会った事実、そして今、コトバがいなくなったという事実。それらの時間を肯定的に受け入れようともしていた。

ぼくは、ぼくを軽蔑した。

コトバが見つかるまで世界中を探し回ろうと決意しながら、全てを時間と運命のせいにしようともしていた。

五月九日——コトバ失踪から、八日目

店主の言ったリミットはとうに過ぎていた。コトバの死、という目の前に突き付けられている現実。ぼくはそれを見ようとしなかった。その現実を認めようとしなかった。

コトバ、お前は元気な男の子じゃないか。
怖がりだけど、やんちゃな暴れん坊じゃないか。
カラスなんかにやられるはずがない。
空腹なんかはものともしない。
なあ、また一緒に映画を観よう。
また一緒に本を読もう。
コトバ、お前は今この真っ暗な夜の中に一人ぼっちだ。
大丈夫、それはぼくもおんなじだ。
お前がいなくなって八日か。
腹がへってるな。
寂しいな。
怖いな。
コトバ、待ってろ。ぼくが探し出してやる。待ってろ。
また一緒に遊ぼう。

残酷な現実を決して認めなかった。あの元気なコトバが死ぬはずがない。ぼくはこうして夜という夜、お前を探し続ける。何万枚でもビラを貼る。街中をお前のビラでいっぱいにしてやる。懐中電灯を片手に城北公園を歩き回る。広い。広すぎる。高くそびえる木の一本一本を照らす。小さな懐中電灯の光で枝を照らす。この城北公園のどこにどんな木があるのか、覚えてしまった。もしかして、腹をすかせて自分で捕食しようと地面に降りてきているかもしれない。そう思い、小さな植え込みや隙間という隙間を覗き歩く。城北公園と自宅をつなぐ道という道の電柱や信号にたくさんのビラを貼っていった。すれ違う人にビラを渡し、情報を求めた。

五月十日——コトバ失踪から、九日目

ビラを三百枚追加印刷した。

数日前から捜索範囲を広げていた。城北公園の方向へはもちろんだが、逆の方面へもビラを貼って周った。この方面からの情報提供はいまだない。ないからコトバがいないとは限らない。この日も朝から、城北公園とは逆方面の大通り環状八号から国道二五四号に向かってビラを貼り、ポスティングをし、午後から城北公園に向かった。昼間の公園だ。もしかしたら何か発見があるかもしれない。コトバの羽が落ちているかもしれない。ペリットが落ちているかもしれない。どんな痕跡《こんせき》も見落とさないよう、地面を見て歩く。

この日は、劇団の稽古だった。夕方、捜索をいったん打ち切り、バイクで稽古場に向かった。稽古が終わりしだい、また捜索を再開する予定だ。稽古場に着いて、すぐだった。

電話がなった。

「電信柱に貼ってあるビラと同じフクロウを捕まえてるんですけど」

電話の主はそう言った。

コトバが見つかった！

「平和台のコカコーラ、わかりますか？」

あそこだ！

うちのすぐ近所だ。直線距離で二〇〇メートルくらいか。どこに行くのにも、そのコカコーラ営業所の前を通っている。城北公園とは逆の方向だ。そんなところにいたのか。

「すぐに行きます」

劇団員に「コトバが見つかった」と告げ、稽古場を抜けた。バイクにまたがり、エンジンをかける。アクセルをふかし稽古場の敷地を走り出る。一つ目の信号で赤信号につかまった。そこで、ヘルメットをかぶっていなかったことに気付いた。落ち着け、と何度も自分に言い聞かせ、コカコーラの営業所に向かった。着いて、受付でその旨を話す。

コトバがいた。

鳥かごに入り、小さくなっているコトバがいた。

「ありがとうございます」それしか言葉はない。そして、それ以上言葉が続かない。涙が溢れる。

コトバが、生きていた。

受付の脇に置かれた鳥かごの中で、コトバはぼくを見上げて、「にゃー」と鳴いた。

涙をふいて、あらためて礼を言った。そして、見つけた時の状況を聞いた。

「倉庫の隅の方にいたんですよ。近づいても逃げないから、コーラのケースをかぶせて捕まえたんです。どうしたもんかと思っていたら、営業の者が帰ってきて、電信柱に貼ってあるビラと同じだ、ということで、連絡した次第です」

その倉庫は、左右が大きく外に向かって開いている。大きな倉庫だ。こんなところに逃げてきていたのか。

そっと両手でコトバを包み、搬送かごに移した。

コトバは、軽かった。

やせ細り、目に光がない。

疲れ果てている。

恐怖と不安に小さくなっている。

静かに自宅に連れ帰った。


そして、店主に電話した。

「コトバが見つかりました」

「えっ?! ほんとですか?」

「今、連れて帰ってきました」

「怪我はしてませんか? 羽はどうですか? 足は?」矢継ぎ早の質問。

「大丈夫そうです」実際、見た感じではどこも怪我はしていない。

「どこにいましたか」

発見の状況を説明する。

ぼす。

「ビラが効いたんですね。良かった。ほんとに良かった」店主の涙声にぼくもまた涙をこ
「あれから一週間以上が経ったし、高木さんに電話をしようと思っていたんです。もう無理だから、あきらめた方がいいって……」

店主は、そう言った。それはそうだろう。リミットは三日か四日と言っていた。今日は九日目だ。

「餌はいっぺんにあげないでください。いつもより小さく刻んで、数時間おきに少量ずつ与えてください。いっぺんに与えると、消化できず、詰まらせて、死ぬ可能性があります」

なるほど。そんなことがあるのか。そして、店主が続ける。

「体重が落ち着いたら、店に連れてきてください。専門医に診てもらいましょう」

失踪から九日。コトバが見つかった。

体重を計ると一八〇グラム。失踪前は、二四〇グラムあった。二割以上も体重が落ちていた。鳴き声も弱々しい。搬送かごから出てもうまく飛べない。まるでうちにやってきた赤ちゃんの頃のようだ。止まり木まで飛ぶことができない。そっと抱きかかえ、コトバの好きだった止まり木にとまらせる。餌を準備し、少し与える。

コトバ、よく帰ってきた。
思ったとおりだ。
お前は勇気あるフクロウだ。
孤独に負けないフクロウだ。
恐怖や不安に負けないフクロウだ。
元気なやんちゃな男の子だ。
頑張ったな。
よく生きていた。

コトバは、餌をつつき、(もっと食べさせろ) と「にゃーにゃー」鳴く。鳴いても今は与えられない。数時間後にまたな、とコトバの頭をちょんとつつく。コトバは、ぼくを見上げて、目をまるくした。ほら、お前の好きな止まり木だ。見覚えがあるだろ。ここはお前の家だ。

その夜、コトバの安心しきった顔をいつまでもいつまでも眺めていた。コトバは、体力を失っていた。止まり木の上に立っていられない。足をおなかの毛の中にたたみこみ、体を丸めて止まり木に横になった。赤ちゃんの頃はよくそうやって寝ていたな。

ゆっくり休め。

ここにはお前を脅かすものは何もない。

安心しておやすみ。

ゆっくりお休み。

奇跡の子

やせ細っていた。

体重がすっかり落ちていた。それまでの体重は、大体二四〇グラム。ロストから戻って来たときには一八〇グラム。二五パーセントも落ちていた。生命を維持できるギリギリの体重だろう。人間でも危険な落ち方だ。体力も落ちるはずだ。筋力も落ちるはずだ。うまく飛べるはずもない。『梟屋』さんの言うとおりに、数時間おきに少量の餌を与えていく。餌を与え、その都度体重を計る。

コトバ発見の翌日には、一九〇グラム。

二日目には、二〇〇グラム。
三日目には、二一〇グラム、と着実に体重を増やしていった。それにつれて筋力も戻ってきていた。以前ほどではないにせよ、うまく飛べるようになってきた。店主にもそう報告した。そして、一か月後、専門医の検診に向かった。場所は、『梟屋』さんだ。そこに専門医の先生が来てくださるらしい。車で『梟屋』さんへ。コトバは、搬送かごの中。そのかごを助手席で抱え、感慨にふける。

フクロウと出会った日を思い出していた。
フクロウを自宅で飼えるということに驚愕《きょうがく》した。
『梟屋』さんで明るい店主と出会った。
コトバと出会った。
店主にいろんなことを相談し、その都度的確なアドバイスをいただいた。
コトバと夜中に交わしたたくさんの言葉。
そうだ。
コトバ、お前とたくさんの話をしたな。
夜という夜。

朝起きて、おはよう、とケージを開ける。

脚本を書いているぼくをいつまでも見ている。

にゃーにゃーとおなかをすかせて甘えてくる。

部屋中をいたずらして回り、眠りたいときに眠り、遊びたいときに遊ぶ。

コトバと過ごしてきた日々を思い出す。

子供の頃からフクロウに憧れていた。

知恵の勇者。

夜の王者。


『梟屋』さんに着いた。

コトバと出会った、あのフクロウだらけのリビングではない。ビル一階部分に、『フクロウ専用』スペースが新しくできていた。ここが、「フクロウショップ」ということだ。ロスト防止の二重の出入り口、真新しい木の香り、ロフト付きの中二階仕様。その中二階には、たくさんのケージが誂《あつら》えられ、一階部分にも大きなケージが拵えられている。店主がいつも以上の元気さで迎えてくれた。

ぼくも笑顔だ。店主は、かごの中のコトバを覗きこみ、「コトバちゃん」と声を詰まらせた。店主は、コトバがいなくなった事をぼく以上に心配し、捜索してくれた。店主独自のネットワークを使い、情報を集めてくれていた。「コトバ・ロスト」の情報を発信し、対策を立ててくれていた。感謝の念しか起こらない。九日間を外で生き抜き、生還したことは、店主の持つフクロウ・コミュニティなどで大きな話題になっていた。

「高木さん。コトバちゃんは、奇跡の子ですよ」

嬉しそうに目を細め、コトバを覗きこむ店主。ぼくには言葉がない。コトバが生きて帰ってきた。そして、今こうしてぼくと一緒にいる。その事実にあらためて涙がこみ上げる。コトバは、そんなことを知ってか知らずか、きょろきょろとぼくたちを見上げるばかり。

この日は、コトバの検査だ。

九日も外で過ごし、外見からはわからない怪我や病気がないか、それを専門医に診てもらう。フクロウを診察・治療できる獣医は少ない。それはそうだろう。犬や猫や小鳥のように、ペットとしては一般的ではない。治療例・臨床例は少ないはずだ。素人考えながら、「フクロウを診ます」と看板を出してもそれが商売として成り立つとは思えない。白衣を着けた獣医が来た。「この子が例の」と切り出された。コトバ・ロストのことが伝わっているようだ。

かごを開け、コトバを両手で包み抱え、専用の布で羽ごとくるんだ。コトバは、顔だけを出して、何が始まるのかと、大きく丸い目をきょろきょろさせている。先生は、手際よく検査をしていく。糞を顕微鏡で調べ、コトバの体のあちこちを検診していく。血液を採取する。目を覗きこんだり、爪やくちばしの状態をチェックする。羽や毛をかき分け、コトバの体を触診していく。コトバは、くるまれたまま、あっちに向けられ、こっちに転がされ、なすがまま。その手際の良さに安心感が高まる。

「血液検査の結果を見ないとわかりませんが、どこも異常はないようですね」先生はそう言った。安心した。ロストした個体は、外でおなかをすかせ、何を口にしたかわからない。病原菌や細菌を抱え込んでいる例も多いという。コトバは、そんなことはなかったようだ。

爪を切られ、くちばしを整えられ、包まれていた布が外された。怒っているのか、機嫌を悪くしたのか、「うー」と唸り声をあげて、ぼくたちを威嚇した。それを見て、みんなが笑った。

二四〇グラムの小さな体。

その体を精一杯使って存在を叫ぶ。

そんなコトバを見ながら、よく帰って来たな、とあらためて思った。

コトバとの生活が戻って来た。

夜を一緒に過ごす。

以前、親しい先輩がぼくに言ったことを思い出した。

「高木君は、フクロウしか友達がいない」

そうかもしれない。

夜、コトバと話をする。取り組んでいる脚本のこと、演劇のこと、本のこと、生活のあれこれ、思いついた言葉の断片……。誰にも話せないようなことをコトバと交わす。そんな日々が戻って来た。


「一言の言葉は、人一人殺せる武器になる。一言の言葉が、人間の最後の救いになる」

ぼくが小学生の頃に何かで読んだ言葉。もう三十年以上も前の事だ。その数行が書かれていた書物がなんだったのか覚えてはいない。あの頃夢中だった内外の冒険小説か、推理小説か、或いは背伸びして読んでいた海外の宗教的な小説か、それとも思想小説だったか。その言葉の前後も覚えていない。ただ、三十年以上経った今もはっきりと覚えている。それを読んだ時の感覚、それを読んで何を思ったか。

「一言の言葉は、人一人殺せる武器になる。一言の言葉が、人間の最後の救いになる」

言葉が人を殺す。言葉が人を救う。ぼくは、ずっとそのことを考えてきた。そんな気がする。憑かれたように本を読むのも、脚本を書き続けてきたことも、ただそのことを自分なりに考えてきたからだ。

三十年経った今、そのことをはっきりと証明できるかと問われれば、「できません」と答えるしかない。だって、ぼくには未だに言葉がなんなのか、わからないんだから。一日一冊本を読みながら、何かを探し求める。原稿用紙の升目を登場人物の台詞で埋めていきながら、自分を探し求める。毎日誰かと言葉を交わし、街中に溢れる言葉を意識的に無意識的に耳に聞きながら、何もかも言葉じゃないか、と絶望と希望を同時に味わい、「じゃあ、言葉って一体なんなんだ」とまたもとの問いを自分に発し、「世界には名付けえぬものはないのか」と、
脚本の中に物語を創造している。

街を歩きながら、名前のついていないものを探す。

デパートの中で名詞が与えられない商品を探す。

誰かと話しながら名付けられない感情をぼくの中に探す。

言葉以外で考えることはできないかと試してみる。

世界最初の言葉はなんだったのかを想像する。

世界で最後に叫ばれる言葉はなんだろうかと物語を創る。

ぼくは、言葉を考え続けていた。

今も考えている。

ぼくは、フクロウに「コトバ」と名付けた。

そう名付けたことでフクロウは、何か別の大きな思想になる気もした。

今、目の前にコトバがいる。

これを書いているぼくの手元を見詰めている。

コトバと目を合わせ、名前を呼ぶ。

「コトバ」

ぼくは、言葉を考えながら過ごしてきた。そして、コトバとの暮らしの中から、「名付け得ぬ何か」を得るのではないか。そんな気がしている。


今日も真夜中がやってきた。仕事の手を休め、コトバを見る。

「ほっ、ほー」と呼びかけると、コトバが「ほっ、ほー」と返事をする。

いつだってそうだ。

呼びかけると答える。

顔を見ればどんな気分か手に取るようにわかる。

眠いのか、遊びたいのか、お腹がすいたのか、いたずらしたいのか。

コトバは、毎日自由に暮らしている。

そんなコトバを見ながら、（羨ましいな）と思ったりもする。

コトバと言葉を交わす。

「なあ、この脚本、この先どうしたらいいと思う？」

「ほっ、ほー」（そんなこと知るか！）

「そう言わずにちょっと聞いてくれよ」

「ほー」（脚本を書くのはお前の仕事だ）

「そうなんだけどさ、ここで物語が大きく動くんだよ」

「ほーほー」（物語は動くように動いたらいいんだ）

「そうか！」

「ほっほー」（そんな当たり前の事を聞くな）

「そうだな。でな、コトバ、ここで登場人物に語らせたいんだよ」

「ほー」（作者が登場人物を自由にできると思ってんのか？）

「そうは言ってもなあ」

「ほーほーほー」（お前もまだまだだな）

真夜中、万年筆を置き、そんな会話をコトバと交わす。

5 驚愕の事実……

コトバは、日に日に強くなっていく

コトバがいなかった日々、街中に何枚のビラを貼ったんだろう。五月二日にロストし、発見が五月十日。毎日、ビラを貼って歩き回った。コトバが見つかった翌日、それらのビラを剝《はが》しに行った。一番遠い場所から、剝がしていく。一枚一枚、剝がしていく。あの日々を思い起こしながら、一枚一枚剝がしていく。その日、五百枚近くを回収したが、まだ全体の一部だ。翌日も街を歩き、剝がす。そうして、道という道を歩きながら、コトバを思う。コトバとの生活を思う。ビラを剝がし終えるのに四日かかった。全部で千五百枚くらいだろうか。

そのビラが一枚、今、目の前にある。そのビラをぼんやりと眺めている自分がいる。

コトバはすっかり健康を取り戻した。

カラスに追われた恐怖や、寒さに震えた日々や、不安と寂しさの中で一人戦ったあの日々をすっかり忘れてしまったかのように元気で、わがままで、暴れん坊のコトバとの生活が戻って来た。

劇場入りの日だった。この日までの数か月が脳裏をよぎる。一本の舞台上演のために費やしてきた数か月。企画立案から、スタッフや劇場の手配と契約。出演者との打ち合わせ、チラシやポスターの製作、ウェブサイトの公開、稽古場の手配や日程の調整、実際の稽古に入るまでに数か月。その間に脚本を仕上げ、演出プランを練り、稽古期間は一か月。そんな数か月が、劇場入りのこの日に蘇る。早朝、舞台装置や小道具などを積んだ車を運転しながら東京の空を見る。劇場入りの日が近付くにつれ、コトバとゆっくりと遊ぶ時間は少なくなっていった。仕方ない。朝、部屋を出る時にコトバと目を合わせた。

(行ってくるからな) コトバは、じっとぼくを見詰めたままだった。

(今日も帰ってくるのは真夜中になる) 止まり木にとまったまま、ぼくを見るコトバ。

(舞台が終わったら、またゆっくり遊ぼうな) ぼくは、部屋を出た。

車を運転しながら、どこか寂しそうに見えたコトバの目を思い出す。待っててくれ、無事に舞台を終わらせて、すぐに帰るから。寂しくなんかないよな。お前は、強い子じゃないか。劇場入りすると、朝から出かけ、帰宅は決まって真夜中になる。上演後は、お客さんと居酒屋に行くことが多いからだ。終電が近くなると、だんだん心配になってくる。コトバは大丈夫かな。もうすぐ帰るからな。年間、そんな日々が何度もある。作品の上演を何度も何度も繰り返し、ぼくは、ぼくの日々に言葉を刻む。

夜ごと脚本を書き、上演のために稽古場に足を運び、作曲をし、劇場ではミキサー卓を操作する。

言葉を考えながら。

コトバを思いながら。

どんなに忙しい日々でも、コトバと言葉を交わす。

おはよう
ご機嫌いかが
なんだその顔は
ごはん食べるか
眠いのか
さあ、ゆっくりお休み

フクロウがいる生活。憧れ焦がれた生活が今ここにある。

二〇〇九年、コトバは三歳になった。
やんちゃぶりは、ますます激しくなっていった。靴下をぼろぼろにするのは当たり前。タオルをその鋭いくちばしでめちゃくちゃにしてしまう。寝ているぼくの頭の上に降り立って、髪の毛をついばむ。原稿を書いているここにやってきて、足の指をくわえる。夏、エアコンをつけると、吹き出す風に翼を広げ、疑似飛行。冬、ファンヒータをつけると、温風の前に小さな体を置き、いつまでもじっとしている。おなかをすかせると「にゃーにゃー」とぼくを見上げ、掃除機を持ち出すと恐怖に体を細くして、木の枝に擬態する。真夜中の暗闇に「ほーほー」と幽玄の妙《たえ》なる音を鳴き、
二〇一〇年、コトバは四歳。
誕生日に「おめでとう」と声をかけ、いつものように餌を与え、いつものように一緒に遊んだ。捕食なしに四日が限界、との常識に抗《あらが》って、九日間を生き抜いた奇跡の子だ。立派な男の子だ。四歳か。人間なら何歳くらいなんだろう。高校生くらいか、もう少し上か。二十歳くらいだろうか。よくわからないけれども、なんにせよ健康に育っている。立派な青年になるだろう。四歳か。これからも元気でいてくれ。病気をしないよう、怪我をしないよう、コトバを見ながら、祈った。

コトバ、四歳と一か月

二〇一〇年六月八日。

仕事で朝から家を空けた。

いつものことだ。フクロウだ、コトバだ、と言いながら、もちろん仕事が最優先。そして、夜遅くに帰宅した。いつものように部屋の電気をつける。コトバを探す。いつもの止まり木にいた。ただいま、と声をかける。急に明るくなった部屋でコトバは、眠そうに「ほっほー」と鳴いた。

鞄《かばん》を置き、汗に濡れたTシャツを脱いだ。「疲れたな」と声に出した。ここ最近の仕事に体が疲れていた。煙草に火をつけ、コーヒーを淹れた。そして、明日の準備を済ませてしまおうとカバンからファイルを取り出し、机に置いた。その時、ケージが目に入った。（ついでに新聞紙も取り替えるか）と思い、ケージの中を覗いた。ケージの奥に白いものがあった。

ん？

なんだ？

コトバがまた何か持ってきたのか?
それにしては……

卵だった。
目を疑った。
コトバを見た。
コトバもぼくを見た。
卵をそっと手に取った。
確かに、卵だ。
コトバ……
お前が産んだのか?
ぼくの手にある卵にめがけて、コトバが飛んできた。
あわてて、卵をケージのもとの場所に戻した。
コトバがその卵まで駆けて行き、ゆっくりと、卵を、抱いた。
すぐに『梟屋』さんに電話をした。

「あのー、コトバが卵を産んだみたいなんですけど……」

「あらー、産みましたか！　コトバちゃん、女の子でしたか！」

感嘆の声。その声がどこか嬉しそうに聞こえたのは、気のせいか……。店主の顔が目に浮かぶ。そういえば、コトバが男の子だという根拠は、確かに薄弱だった。コトバが生まれ、コトバを迎えに行った時に店主が話したことだった。「多分、男の子でしょう」と。根拠は、オスの方がメスよりも相対的に体が小さいということだった。一緒に暮らし始めてからのコトバの態度を見ていても、やんちゃ坊主そのものだった。暴れん坊で好奇心旺盛、いたずらっ子で弱虫の泣き虫。すっかり男の子だと思っていた。この数年、たくさんの人と交わしたコトバに関する話も全て、「男の子です」。

店主が「男の子でしょうね」と話した時に付け加えられた言葉を思い出した。「でも、性別は数年しないとわかりませんよ」


その数年が、今日だった。

コトバが卵を産んだ。

コトバは、女の子だった。

混乱……

女？
コトバ、お前、女？
これまでの生活がぐるぐると頭の中を渦巻く。
女か……
頭が整理できない。
目の前には、一個の卵。
完全なる証明。

そういえば、卵を産むためにいろんな準備をしていた

もちろん無精卵だ。ここに、オスのフクロウがやってきたことはない。オスと言えば、ぼくだけだ。店主は、こんなことにも慣れているのだろう。電話口で楽しそうだ。これからの生活に関することを聞いていく。女、とわかれば、その扱いにも何か注意することもあるんじゃないだろうか。卵を産む、ということは、それなりの年齢だということだろう。混乱が収まらない。

「特に注意することはありませんよ。これまで通りで大丈夫です。ただ、卵を産み続けるようなら、体から栄養が奪われます。食欲や行動をよく見ていてください」

なるほど……。それはそうだろう。人間も同じだ。

えっ？

卵を産み続ける？

「まだこれからも卵を産むんですか？」そう聞いた。

「そうですね。産むと思いますよ。一回に三個から四個産みますから」

三個から四個……。

「卵を抱えた時にはいろいろと変化が出ますから、それも注意して見てください。体重も変わってくるはずです」

体重か。

卵を産んだばかりの現在の体重を計っておくことにする。餌を出し、コトバを体重計に呼び寄せ、計る。二四〇グラム。いつも通りだ。それにしても、コトバが女の子とは……。パソコンを立ち上げ、これまでに撮ってきた写真を眺める。んー、どうみても男の子だがなあ……。いや、男の子だと思い込んでいるからそう見えるのか。よし、女の子だな。そんな目で見てみようじゃないか。

……なかなかそう見ることもできない……

そういえば、卵を産む前に前兆といえるものがいくつもあった。
思い当たることがあった。これまでのコトバは、いつも好き勝手に遊んでいた。お腹がすくと催促したり、機嫌がいいとぼくのとこに寄ってきたりしていた。そんなコトバの態度がここ最近、少し違っていた。仕事をしていると、妙に甘えた声を出し、すり寄ってきていた。休憩しようとベッドに横になると必ずと言っていいほどやってきた。そして、お腹の上にのったり、横になっているぼくの顔の横で甘えた声を出したり、着ているシャツを引っ張ったりしていた。手を出して頭を撫でたら、それまでは、嫌がったり、逃げだしたりしていたのに、おとなしく撫でられていた。その時には、(ようやくこういうスキンシップができるようになってきたか)と、喜んだ。鳴き声がどこか艶《つや》っぽい。やたらとぼくにすり寄ってくる。よく慣れてきた。かわいいじゃないか。呑気《のんき》にそう思っていた。でもそれは、卵を産むための……

そして、確かに食欲が旺盛だった。
健康に関しては、何も心配なく過ごしてきたので、体重測定を怠り、食べるだけ食べさせていた。もりもりと食べる姿を見ているのは、やっぱり嬉しいもんだ。最近よく食べるなあ、そう感じてはいたけれど、それが、卵のためだとは想像もできなかった。それはそうだ。だって、コトバは、男の子だったんだから！

もう一つ。卵を産む数日前の夜中。

コトバをケージに戻し、部屋の電気を消した。ぼくもベッドに入った。いつものことだ。ベッドで本を読んでいた。すると、ビリビリと音がする。一度や二度じゃない。いつまでもいつまでもビリビリビリビリ。コトバがケージに敷いている新聞紙を破っている音だとすぐにわかった。

コトバ、一体何をやってんだ？

ビリビリという音が耳について眠れそうにない。いつまでも新聞紙を破いている。（もしかして、ストレス行動？）そう思った。もしそうならケージから出して好きにさせた方がいいかもしれない。と、ベッドを出て、ケージを覗いた。コトバは、ケージの中で止まり木から降り、敷いてある新聞紙をくわえ、破っている。

何してるの？

コトバと目があった。大きな目でぼくを見て、威嚇してきた。いつでも出られるようにケージを開けたままにして、またベッドに入った。ビリビリ、ビリビリ、その音を聞きながら、いつしか眠っていた。

それは「巣」だった。新聞紙を千切り、それを円形に自分の体の周りに集めて巣を作っていた。その中に卵を産んでいた。卵を温めるのにちょうどいい大きさの巣だ。そんな巣作りも卵を産むための大切な準備だったんだ。

コトバがケージから出た時に、そっと卵を取り上げた。コトバが産んだ一個の卵。ウズラの卵ほどの大きさの卵。それを机に置き、

女か……、

と思う。卵を産んだコトバは、いつもと変わらないように思えた。初めての産卵で体力を使ったんじゃないかと心配したけれども、そうでもないようだ。餌を与える。ぱくぱくといつものようによく食べる。店主は、三個か四個の卵を産む、と言っていた。あと、いくつか産むのか。なんだか複雑な気分だ。どうしてやることもできない。なんにせよ、健康第一だ、コトバ。

一体いくつの卵を産むんだ！

卵を産んだ二日後の夜。コトバがまた甘えた声を出し、ぼくにすり寄って来た。コトバは、性の対象を完全にぼくにしているようだ。（また産むのか？）そう思った。とはいえ、甘えた声ですり寄ってくるコトバは、かわいい。いつも以上に一緒に遊んでしまう。その夜中、またケージの中で音がした。ビリビリビリビリ……。そっと中を覗いてみた。やっぱりだ。巣を作っていた。誰に教わったわけでもないだろうが、上手に一人分の巣を作っていた。コトバの体がすっぽりと収まり、卵を温めやすいように千切った新聞紙を積み上げていた。その翌日、

帰宅するといつもの止まり木にコトバがいない。

コトバ。

声をかける。

もしかして、とケージを覗く。

コトバがうずくまっている。

どう見ても、卵を温めている姿だ。

確認するまでもない。

そのお腹の下には、卵があるはずだ。

店主はこう言っていた。

「あまりたくさん産むようなら、卵を少し温めさせてください。卵を取り上げるから、次の卵を産むんです」と。

なるほど、そんなものか。そうしてみるか。卵を抱えるコトバを眺め、ストレスにならないようにそっとしておいてやる。いつもは、あちこちの止まり木を自由に飛び回っているコトバの気配が、ない。仕事部屋を静寂が包む。コトバは、鳴き声一つあげず、いつまでも卵を抱いている。それが、母親ってもんか、そう思う。

ケージは、仕事机の背中側にある。仕事を一段落つけ、立ち上がりケージを覗く。顔を近づけると、コトバが羽を広げて威嚇してきた。卵を守ってるのか。偉いな、コトバ。立派だ。強い母親なんだな。そんなことを感じながらも、不憫《ふびん》になってくる。

コトバ、その卵は無精卵だ。

いつまで温めても孵ることはない。

コトバ、その卵からお前の子供が生まれることはないんだ。

一生懸命に卵を守るコトバを見ていて寂しくなる。どうしようもない。どうしてやることもできない。二日間卵を温めさせた。そして、卵を取り上げた。威嚇してくるコトバに、「ごめんな。この卵はダメなんだ。子供が生まれはしないんだ」と声をかけて、小さな卵を取り上げた。

卵は、暖かかった。やけに暖かく、その温もりがぼくを寂しくさせた。取り上げた卵をコトバがいつまでも見ていた。ケージから飛び出てきて、いつもの止まり木にとまった。そこから、机に置いた卵をじっと見下ろしていた。

卵が十二個……

コトバの産卵が止まらない。

食欲は落ちることがなく、ぱくぱくとよく食べる。いつもの体重は、二四〇グラム。卵をその体に抱えている時に計ると、二八〇グラムにもなっている。甘えた声ですり寄ってくる。頭を撫でてもいつまでもおとなしくしている。妙に艶っぽい声音でぼくを呼ぶ。夜中に新聞紙を破る音が聞こえる。

三つ目の卵を産んだ。

四つ目の卵を産んだ。

五つ目の卵を産んだ。

店主の話では、あと一つ二つ産めば、産卵は終わるはずだ。コトバの健康が気になる。産むのはいい。ただ、健康でいてくれ。

仕事をしていると膝の上にのってきて、いつまでも離れようとしない。(かわいいな)コトバ、お前、女だったのか。あの仕草はぼくへの求愛だったのか。なるほど。四歳か。恋心なのか、単に本能なのか。なんだかわからないけれども、コトバの産卵がとまらない。

店主によれば、「高木さんとこは、環境が良すぎるんです」とのこと。

ストレスがなく、充分に飛び、遊べる場所があり、栄養が足りていて、睡眠も足りていて、過保護にもほどがあると店主に言われ続けながらも、そのスタイルを貫いた結果がそうだ。コトバにとって「とてもいい環境」になっているようだ。いいことじゃないか、と思う。ペットを飼っているんじゃない。コトバと暮らしているんだ。

フクロウを飼おうと決心した時に考えた「動物の命を左右する行為」という思いが、コトバと暮らし始めてからも常にあった。ぼくが、コトバの命を左右する。本来あるべき自然を人間の勝手で捻じ曲げ、大自然とは比べ物にならないほど小さな世界に閉じ込めてしまう所業。それは、動物に対して、やはり罪なことではないか。そうだ。あの頃、強く思っていた。ぼくは、ペットを飼うんじゃないんだ。一緒に暮らし、一緒に生活を充足させるんだ。コトバは、ペットじゃない。家族だ。友達だ。そんな思いが、コトバを過保護にしてきた。店主に、「過保護です！」と言われても、コトバが一番暮らしやすいスタイルを守ってきた。その結果……

コトバの産卵がとまらない。一か月過ぎても、まだ卵を産む。産み続ける。さすがに健康が心配になってくる。体重を計り、食欲に注意する。どこからどう見ても健康そうだ。一つの卵を産んだら、数日空けて、また、ぼくに甘え、すり寄り、艶やかな声で鳴き、色っぽい目でぼくを見上げ、巣を作り、卵を産み、温める。二か月の間に十二個の卵を産んだ。コトバ、お前は立派な女だよ。十二個の卵を机に並べ眺めながら、コトバの子孫を思ったりもした。お前の子供はどんな子だろうな。お前に似て、わがままで甘えん坊でいたずらっ子でかわいいんだろうな。卵を産むことは、本能だろう。本能のまま、卵を産み落とす。そんなコトバを見ながら、何か小さな、けれども拭うことのできない罪の意識を感じる。

コトバの命。
動物の命。
ペットとは何か。
人間が飼うとは一体どういうことか。
人間が動物の命を左右する行為とは一体何なのか。

ぼくは、卵をこの手で割った。中はどんなだろう、という興味もあったが、それ以上に一つの命に対する責任があるような気がしていた。小さな卵を手にし、お皿の上に割った。中からは、想像通りの卵の中身が出てきた。卵黄は、鶏卵に比べ随分とその黄みが薄い。透き通っているようにも見える。皿の上におとされた卵の中身は、どこか頼りなく、どこか小さく、見えた。ぼくは、卵を割った。いくつも卵を割った。

環境がいいから卵をたくさん産んだ、ということは、来年も産卵期が来れば、今年と同じように卵を産むのだろう。それがいいことなのか、悪いことなのか。店主は、いいも悪いもないけれど、受精したわけではない無精卵を大量に産むという事は、母体にとっては大きな負担になる、そう言った。じゃあどうすればいいのか。個体によっていろいろと方法があるらしい。その個体にあった方法を試行錯誤するしかないらしい。産卵期の前から、卵を産む栄養がいかないように、体重をコントロールしたり、かごに入れ、ベランダに出して軽いストレスを与えてみたり、産んだ卵をしばらく温めさせてみたり。

どの方法も、どこか気が進まない。体重のコントロールは必要だろう。人間にも必要なことだ。でも、卵を産ませないため、卵に栄養がいかないように、というのはどうにも……。そして、ストレスを与える、ということもやっぱり気が進まない。卵を温めさせてみる、というのも、それを見ていると寂しくて仕方ない。でも、来年はいずれの方法をとるにせよ、何かせねばならない。コトバの健康のためだ。コトバが健康で長生きするためだ。こうして一緒に暮らし、語り、遊んでいれば、きっといい方法も見つかるだろう。


コトバ、四歳と六か月。

十年に一度と言われた猛暑の夏。連日の熱帯夜にもコトバは体調を崩すことなく自由に飛び、遊び、秋を迎えた。来たるべき冬に備え、脂肪を蓄えるべく食欲はどんどん旺盛になり、力が強くなり、わがままも頂点を極め、コトバは、この家の主として君臨している。


夢を見た。八階のベランダからコトバが翔んだ。

手すりにとまっていたかと思ったら、体の何倍もある両翼を大きく広げ、音もなく翔びたった。晴れ渡った冬の空。ノイズのない冷たく澄んだ空。ベランダから翔んだコトバは落下するように地面すれすれまで滑空し、そして、一気に大空に向いて上昇した。青い空。小さなコトバが大空を滑るように翔んでいる。滑らかで一分の無駄もない飛翔。猛禽類特有の鋭いくちばしと大きな丸い目で世界を睥睨《へいげい》する。そんな夢を見た。

八階のベランダからコトバが翔ぶ、そんな姿を夢想することがある。その姿こそが本来のフクロウの姿だ。そう思う。そう思うけれども、ここから解き放つことは、ぼくにはできない。たとえ、たとえそれをコトバが望んだとしても。

（コトバの望み？……）それは、なんだろう。そんなことを考える夜もある。

（なぁ、コトバ、お前はどう生きたいんだ）

（大空を飛びたいか？）

（この小さな六畳の世界を飛び出して真の大空を飛んでみたいか？）

コトバを見る。

目が合う。

コトバはいつものとぼけた顔でぼくを見る。

（ここは快適だ。これからもよろしく頼むよ）そんな声が聞こえた気がした。

今日も自宅で仕事をしているぼくをコトバが眠そうな顔で見ている。そのとぼけた二頭身の毛むくじゃらを見ていると心が和む。いつ知れず微笑んでいる自分に気付く。コトバがこの家にやってきて、いろんなことがあった。コトバがいなくなり、探し回ったこともあった。ぼくを見る目が変わり、ある日、卵を産んだ。コトバがダメにした靴下は十足をゆうに超えた。毎日交わすコトバとの会話。どんなに疲れている時でもコトバと目が合うと心が緩《ゆる》む。いつまでもこんな日が続けばいい、とコトバを見ながら思う。同時に、コトバのいない生活を思ったりもする。そんな生活に戻れるだろうか。

コトバもいつかは、死ぬ。
その小さな肉体に死が訪れる。
理屈ではわかっている。
わかっているけれども……
そして、ぼくもいつか死ぬだろう。
不意に死ぬだろう。
ただ、コトバを遺《のこ》すことはできない。

コトバは今、何を思っているだろうか。

こんなことを考えるぼくを見ているコトバはいつもの呑気で穏やかな顔だ。

コトバは、自身の未来の死を考えることなく、今を精一杯生きている。

そんな気がする。


原稿を書く手を休めて一服つける。煙草《たばこ》に火をつけ、コーヒーを淹れる。書き進めてきた脚本をぼんやりと目でたどる。立ち上る煙草の煙。（さあ、この先をどうするか）そんなことを考えながら熱いコーヒーを口に含む。背後の止まり木でコトバの気配がする。いつものことだ。コトバの気配を感じ、コトバの姿を眺め、コトバの声を聞きながら仕事をする。「休憩だ」と声に出し、コトバと向き合う。高い場所に設置してある止まり木にコトバがいる。ぼくを見ている。

「遊ぼうか」

コトバに声をかける。

コトバに体を向けて、右手をあげる。

コトバが（おっ！）という顔で両足をパタパタと踏み、身構える。

ぼくは、あげた右手を左右にゆっくり動かす。

コトバがぼくの手の動きに合わせて顔を振る。

手を動かす速度をあげるとコトバもそれに合わせて顔を動かす。

手を上下に動かすとコトバの顔も上下に動く。

ぼくの手をしっかりと見つめ、顔を動かす。

ぼくはもっと手を動かす。速度をあげる。

コトバは、顔の動きが手の速さについてこられなくなると、悔しいのか、それともそれが楽しいのか、両足をばたばたと踏み鳴らす。手の動きを止めるとコトバの動きもピタリと止まる。手を宙に円を描くようにゆっくりと回す。コトバがぼくの手に合わせて首を回す。ぐるぐると回す。まるで猫みたいだ。ぼくの手を獲物だと思うのか、今にも飛びかかってきそうな素振りを見せる。

「おいで」と膝をぽんと叩くとコトバが止まり木を飛び立ち、やってくる。上手に膝の上に乗ってくる。そして、ぼくの指を咥えたり、シャツを咥えたりしながら、ぼくを見上げる。その時には脚本のことなんかすっかり忘れている。コトバと遊びながらにっこりしている自分に気付く。コトバは膝から畳に飛び降り、てけてけと歩き回り、いたずらできそうなものを探している。そんなコトバを眺めながら煙草を吸い終え、コーヒーを味わう。

「さあ、やるか」元気な声をだし、万年筆を握りなおす。

6
コトバと暮らしてきた日々、そして、これからの日々

コトバは、ペットじゃない

「フクロウ」と出会って、六年が過ぎた。

コトバと出会って生活が変わった。コトバと交わしてきた言葉の数々。脚本を書き始める前には、いつもコトバにその内容を話してきた。こんな物語なんだ、こんな登場人物が出てきて、こんな事件が起こるんだ。ラストは凄《すご》いぞ、とコトバにだけ話してきた。そんな時、コトバは、じっとぼくの目を見ていた。コトバは、ペットじゃない。コトバは、友達だ。大切な友達だ。

コトバが目の前にいる。

仕事机の前にある止まり木にとまってじっとぼくを見ている。

キーボードを打つぼくを見ている。

万年筆を握るぼくを見ている。

煙草に火をつけるぼくを見ている。
コーヒーを飲むぼくを見ている。
夜中だ。
コトバ、ぼくたちの真夜中だ。
今日は、どんな話をしようか。
新しい脚本の話がいいか、それとも来月に控えた舞台の話でもしようか。
なんだその顔は。
眠いのか。
コトバ、お前は夜の王様じゃないか。
夜はこれからだ。
もう眠いのか。
じゃあ、もう寝ようか。
一緒に寝ようか。
電気を消す。
暗闇にコトバの声がする。
ほーほー、ほーほー。

この小さな部屋を大自然の真夜中に一変させる幽玄の音。

子供の頃から「フクロウ」に惹かれてきた。

フクロウと暮らしている現在もその感情は変わることがない。その姿には、ますます惹かれていくばかりだ。こうして机について仕事をしているぼくの頭の上をフクロウが飛んでいる。パソコンのキーボードの上に飛び降りてくる。肩の上に乗ってきたり、頭の上に着地して髪の毛をついばんだりする。ぼくが思い描いてきた生活が今ここにある。今一緒に暮らしている。毎日言葉を交わし、部屋の中を自由に飛び回るフクロウを見ている。

フクロウ

あの泰然とした姿、何もかもを見通しているかのような目。哲学者を思わせる風貌。猛禽類特有の鋭い爪とくちばし。時おり見せる艶やかな媚態《びたい》。神秘的な生態、古代より世界中に伝えられ、信じられているフクロウに対する伝説と神格化[*11]。そして何よりも「夜に翔ぶ」という、ぼく自身の憧れ。

フクロウに対する伝説と神格化は、世界中いたるところにある。日本では、フクロウは

「不苦労」につながると言われる。また、「福来朗」「福籠」「福老」とも書かれ、福が来る、福が籠《こも》る、老いて福、不老長寿のシンボルとして縁起のいい鳥だとされている。首がよく回るので商売繁盛、暗闇に夜目が効くので先見の明、聴力の良さは情報を聞き逃さないと、いいこと尽くめだ。

古代ギリシャでは、アテナイを守る女神アテナ（智慧と工芸を司る神であり、戦いの神でもある）に付き従い、「智慧の神」「学芸の神」として崇《あが》められ、ローマ神話では、ミネルヴァの従者として「哲学の神」とされ、中国では、古代より「悪魔祓い」の鳥とされ、韓国では、福を招く神、メキシコでは、「富」を象徴し、オーストラリアでは、「女性」の守り神とされ、先住民は、フクロウを守護神と崇めている。古代ギリシャでは、フクロウがコインの図柄にもなっていた。

そんな言い伝えを信じるからだろう。日本全国どこに行っても「フクロウ」をモチーフにした土産物を売っている。ぼくは、どこに旅行しても小さなフクロウグッズを買ってきた。部屋には、いつの間にかフクロウ雑貨が増えていった。小さな置物からTシャツ、文房具に食器、財布に小物入れ。素材もいろいろだ。木に彫り込まれたもの、竹でできたもの、石、紙、焼き物。たくさんのフクロウグッズが部屋に並んでいった。

長い間、ぼくにとってフクロウは、文学の中に住む憧れだった。テレビや映画の中だけ

に見る神秘の鳥だった。世界中の伝説に、ぼくのフクロウ観は片思い的に膨れ上がってい
た。そう、まさに片思い。フクロウに対し、一方的に恋焦がれていたんだ。何十年もそう
だった。

あのピカソもフクロウを飼っていた。直木賞の名前となった作家直木三十五も飼ってい
た。ナイチンゲールも飼っていた。そんな事を知るにつけ爆発的に膨れ上がっていくフク
ロウへの片思い。けれども、

まさか本当にフクロウを飼うことができるなんて思ってもみなかった。
フクロウが部屋の中にいる、そんな情景を想像すらしなかった。
ぼくは、フクロウに惹かれ続けてきた。

そのフクロウが、今、目の前にいる。
「コトバ」という名前だ。
六歳。女。六年の間にいろいろなことがあった。いろいろなことを考えさせられた。い
ろいろな感情が渦巻いた。今もカメラを構え、コトバの写真を撮る。撮って、ホームペー
ジにアップする。夜、コトバと対話する。一日二回、コトバに餌をやる。コトバの誕生日
には、おめでとう、と頭をちょん。本当にいろいろなことがあった。

「コトバが飛べません！」

コトバ、六歳と六か月。またまた事件勃発！

「コトバ失踪」という出来事も遠い昔の事のように思われ、産卵も、一年目の十二個ほどではないにせよ、翌年も、そのまた翌年もやっぱり卵をいくつも産み、一年一年、コトバとの暮らしを積み重ね、コトバを自分の肉体のようにも思えてきていた。

いつもの繰り返し。毎日が繰り返される。でも、その繰り返しは決してつまらないものではなく、楽しいことの繰り返しだ。コトバを見ているとついにっこりしてしまう。

その日も、いつもと同じように朝起きて、餌の準備をした。ケージの中では、コトバが（朝ごはん、朝ごはん）とごそごそと動いている。ケージを開け、（おはよう）とコトバに挨拶をし、カーテンを開け、陽の光を室内にいれる。餌の時間だ。ピンセットで一つまみ餌を口に運ぶ。いつものように、ぱくっと咥え、ごくっと飲み込む。おいしそうに食べる。食べ終わったら、お気に入りの止まり木に飛び立ち、くちばしをこすりつけ餌の脂分を落とす。そして、盛大に糞をして、部屋中の止まり木に飛び回る。自分のテリトリーを確認するように、あっちの止まり木、こっちの止まり木と飛び渡り、最後は、ぼくが寝ていたベッドに降り立ち、顔だの羽だのをこすりつけ、毛づくろいだ。いつもの行動だ。

餌を食べ、コトバがお気に入りの止まり木に飛び立った。

おっ！　今日も元気だな！

と、思ったら、止まり木まで飛べずに、その直前で力尽きたように畳の上に無様に降り立った。

そして、また、飛び立とうと羽を広げ、ジャンプ！

でも、五〇センチも飛び上がれない！

どうした！

コトバ！

血の気がひく。

コトバ？

コトバは、懸命に飛ぼうとするが、飛べない！

畳からベッドの上にも飛び乗れない。

コトバ自身も何が起こっているのかわかっていない様子だ。

ベッドよりも低い、座卓に飛ぼうとしてる。

飛んだ。

ダメだ！
届かずに座卓の縁に体をぶつけ、畳に落下。
コトバ！
そっと抱きかかえ、安全なベッドの上にのせる。
それでもコトバは、飛ぼうとする。
羽を広げる。
でも、飛び上がれない。
何が起こったんだ。
病気？
怪我？
どうした、コトバ……
すぐに『梟屋』さんに電話した。

「コトバが飛べません！」

店主は、状況を確認しようと、いくつもの質問をした。

「止まり木に立って、つかまっていられますか？」

「羽がだらんと垂れていませんか？」

「食欲はどうですか？」

「全体の様子はどうですか？」

「目に元気はありますか？」

「高木さんが見て、普段と変わったことはありますか？」

どの質問にも、「いえ、大丈夫です。特に変わったところはないみたいです」と答える。

顔つきも様子も普段と変わりがないように見えた。ただ、飛べないだけだ。そう伝えた。

店主は、なんとも結論を下せないようで、「もう一日様子を見てみましょう。少しでも食べているなら、すぐにどうにかなるという可能性は低いと思います」と答えた。心配だが、店主がそう言うなら、そうしよう、とコトバを観察する。どう見ても普段と変わりないようだ。ベッドの上で、コトバは飛ぼうと必死だ。その姿がなんだか不憫に思えてきた。お気に入りのいつもの止まり木にとまらせてやれば、様子もよくわかるだろうと、コトバを抱きかかえ、止まり木にとまらせる。

しっかりと立っている。羽も垂れてはいない。顔つきもいつもどおりだ。目にも異常はないようだ。どうしたんだ、コトバ。お前の体に何が起こったんだ。心配で何も手につかない。だが、店主のいうように一日様子を見てみる。

一日経った。状況に変化はない。コトバが飛べない。店主に電話をする。そのことを伝える。店主は、医者という言葉を持ち出した。コトバが失踪した後、一度検査で医者の手にかかったことがあるが、それ以外では一度も医者の世話にはなっていない。医者という言葉を聞いて、瞬時にいろいろなことを頭の中で組み立てる。医院への交通手段、その時の仕事の処理や対応など、判断しなければならないことがたくさんある。あるが、コトバが第一だ。何をおいてもコトバを優先する。そんなことを考えていたら、電話口で店主が言った。

「高木さん、コトバちゃんの羽が抜けていませんか？」

羽？

コトバの翼を広げてみたわけじゃないからわからない。

「飛ぶためのメインとなる羽があるんですが、それが抜けて、空気をうまく捉《とら》えられずに飛べないのかもしれません」

どれがメインの羽なのか分からないが、部屋にはいくつも立派な羽が落ちている。

もしかして、これ？

「羽が生え換わる時、普通は、下から生えてきた羽がある程度まで伸びて、古い羽が抜けるのですが、下の羽が伸びる前に古い羽が抜けてしまったのかもしれません」


なるほど。

そんなこともあるのか。

もう一日様子を見てみる。

翌日、少し飛べるようになった。

その翌日は、また少し飛べるようになった。

その翌日には、普通に飛べるようになった。


どうやら、店主の言うとおりだったようだ。羽ペンになるような立派な羽が抜け落ちて、空気を捕まえられなかったんだ。理由がわかってしまうと、なんともおかしい。

　コトバも、

(あれっ？　飛べない……)って、感じだったんだろう。間抜けと言えば間抜けな話だ。

抜け落ちた立派な羽は、コトバが咥えてぼろぼろにしていた。それを数日前に見ていた。

そんなことがあるのか、と胸を撫で下ろした。

コトバが見ている

今日もコトバがぼくを見ている。
ぼくもコトバを見ている。
仕事をするぼくを見ている。
ぼんやりと止まり木にとまっているコトバを見ている。
いつもの夜。
いつもと同じ夜。
コトバに声をかける。
コトバが首をかしげる。
ぼくは脚本を書き、コトバは夜を描く。

註

＊**1**　ヘーゲル『法哲学』。「哲学がその灰色を灰色と描き出すとき、生の姿はすでに年老いている。そして灰色を灰色に描き出すことによって、生の姿は若返らされることなく、ただ認識されるだけである」という文章の後に、「ミネルヴァのフクロウは……」というこの言葉が続く。真の認識は、事柄の矛盾が次第に明らかになる時節の到来を待って、つまり「迫り来る黄昏」を待って初めて獲得できるのだ、とヘーゲルは考え、それを飛び立つフクロウに喩えた。

＊**2**　「あたしは、いつかは飛ぶのです。ここより高い場所がきっとある。」「新宿版・千一夜物語」（寺山修司『ポケットに名言を』）

＊**3**　二〇〇五年当時。現在のサイトは、http://www.senda-home.co.jp/

＊**4**　現在は、別の場所にショップを構えている。サイトを参照。

＊**5**　テレビ番組「ザ・ベストハウス１２３」（フジテレビ）にて、「細くなるフクロウ」として紹介された。「ポポちゃん」は、静岡県の掛川花鳥園のアフリカオオコノハズク。

＊**6**　『演劇機関説・空の篇』の台詞。劇団再生により、二〇一〇年に上演。

＊7　コトバの餌　ぼくが購入しているのは、親ウズラ（毛あり・内臓、手羽、足なし）で、一匹一三〇円。ウズラ一匹で二日分の餌になる。マウスは、「ホッパーマウス」という種類で、体長が六センチくらいのもの。価格は一匹、一一五円。マウスは一日一匹。平均すれば、一日一〇〇円以下の餌代という感じだ。（二〇一三年一月現在、『梟屋』にて購入の場合）

＊8　餌の捌き方　現在は、ベランダでは行っていない。キッチンで静かにやっている。ウズラの皮をむき、キッチンバサミで腹をひらいたら、突起付きの鉄製肉叩きの出番。突起側をウズラに押し当て、肉叩きにタオルを載せ、その上に手をのせて体重をかける。すると、突起の効果とぼくの体重で見事に骨が砕けてくれる。それを数か所行い、ウズラ全体の骨を砕いたら、食べやすい大きさにカットするだけだ。

＊9『高木ごっこ』　http://www.takagigokko.com/　脚本と読書とコトバのホームページ。二〇〇六年開設。

＊10　自同律の不快　埴谷雄高の代名詞的な用語。「私は私である」と言い切ることが不快だという感覚。初出は、『不合理ゆえに吾信ず』（一九五〇年、月曜書房）。

＊11　フクロウの伝説と神格化　『フクロウになぜ人は魅せられるのか』（小林誠彦／著）に詳しい。

参考図書

『ザ・フクロウ』
加茂元照・波多野鷹／著
（二〇〇四年発行・誠文堂新光社刊・三六〇〇円税別）
『フクロウになぜ人は魅せられるのか』
小林誠彦／著
（二〇〇八年発行・木魂社刊・一七〇〇円税別）
『フクロウ―私の探梟記―』
福本和夫／著
（二〇〇〇年発行・法政大学出版局刊・三三六〇円）
『ザ・猛禽類―飼育・訓練・鷹狩り・リハビリテーション』
波多野 鷹／著
（二〇〇九年発行・誠文堂新光社刊・三七八〇円）

『フクロウのすべてがわかる本』
ジェマイマ・パリー・ジョーンズ／著
（二〇〇六年発行・誠文堂新光社刊・三七八〇円）
『猛禽類の医・食・住』
パンク町田／著
（二〇一〇年発行・ジュリアン刊・七六四円）
『フクロウ――その歴史・文化・生態』
デズモンド・モリス／著
（二〇一一年発行・白水社刊・二七三〇円）

ショップ

『梟屋』
神奈川県横浜市鶴見区江ヶ崎町6-28
店主・千且淳子
http://www.senda-home.co.jp/

本書は、書き下ろしです。

コトバ（著者撮影）

高木尋士（たかぎ ひろし）
1967年、山口県生まれ。劇作家。見沢知廉全作品の舞台化に取り組む。1985年、演劇活動を開始。2006年、「劇団再生」を結成。戯曲『絵の中の「荒野」』（新日本文芸協会刊）が、国際ブックフェア2006に推薦出展。また同作品は、新日本文芸協会戯曲賞を受賞。2009年、『四元数の月』でコスモス文学新人賞を受賞。脚本以外の仕事として、『劇的読書会』主宰。テレビや雑誌で注目された『読書代行』を行っている。

装丁・本文デザイン　高橋 忍
装画　水谷有里
協力　『梟屋』店主・千且淳子

フクロウのいる部屋《へや》

二〇一三年四月三〇日　第一刷発行

著　者　高木尋士《たかぎひろし》
発行者　館　孝太郎
発行所　株式会社　集英社インターナショナル
〒一〇一－八〇五〇　東京都千代田区一ツ橋二－五－一〇
電話　〇三－五二一一－二六三二（出版部）
発売所　株式会社　集英社
〒一〇一－八〇五〇　東京都千代田区一ツ橋二－五－一〇
電話　〇三－三二三〇－六三九三（販売部）
〇三－三二三〇－六〇八〇（読者係）
印刷所　大日本印刷株式会社
製本所　株式会社　ブックアート

ISBN978-4-7976-7252-7 C0095